RECHERCHES

SUR

LE POLYMORPHISME

DES MOLLUSQUES DE FRANCE

PAR

G. COUTAGNE

ANCIEN ÉLÈVE DE L'ÉCOLE POLYTECHNIQUE
LICENCIÉ ÈS SCIENCES NATURELLE

Présenté à la *Société d'Agriculture, Sciences et Industrie de Lyon*
dans sa séance du 9 novembre 1894.

LYON
IMPRIMERIE ALEXANDRE REY.
4, RUE GENTIL, 4
—
1895

RECHERCHES

SUR

LE POLYMORPHISME

DES MOLLUSQUES DE FRANCE

RECHERCHES
SUR
LE POLYMORPHISME
DES MOLLUSQUES DE FRANCE

PAR

G. COUTAGNE

ANCIEN ÉLÈVE DE L'ÉCOLE POLYTECHNIQUE
LICENCIÉ ÈS SCIENCES NATURELLES

Présenté à la *Société d'Agriculture, Sciences et Industrie de Lyon*
dans sa séance du 9 novembre 1894.

LYON
IMPRIMERIE ALEXANDRE REY
4, RUE GENTIL, 4
—
1895

RECHERCHES

SUR

LE POLYMORPHISME

DES MOLLUSQUES DE FRANCE

PAR

G. COUTAGNE

Mémoire présenté à la Société d'Agriculture, Sciences et Industrie de Lyon
dans sa séance du 9 novembre 1894.

INTRODUCTION

C'est en 1872, il y a plus de vingt ans. que j'ai abordé l'étude du polymorphisme des mollusques français. Le travail que je publie aujourd'hui est donc le fruit de longues recherches; j'espère, dès lors, que les naturalistes voudront bien l'accueillir et l'examiner tout au moins avec une impartiale bienveillance, malgré ses conclusions très révolutionnaires au point de vue de la nomenclature.

Je dois indiquer dans quelles circonstances, et dans quel but, j'ai poursuivi ces recherches.

Le problème de l'origine des espèces a été, assurément, pendant la seconde moitié de ce siècle, l'un des principaux, et l'un des plus intéressants objets d'étude que les naturalistes se soient proposé. Or, les mollusques, et plus particulièrement les mollusques terrestres, sont des êtres éminemment propres à faire avancer l'étude de ce problème, par suite des trois particularités suivantes :

1° Pour étudier la variabilité d'un caractère, il faut évidemment comparer un grand nombre d'individus de provenances très diverses. Or il n'est pas d'être organisé dont il soit aussi facile de préparer et de conserver en collection un nombre considérable d'échantillons. On verra, par exemple, dans la suite de ce travail, que mes conclusions, sur l'*Helix striata*, Drap. (*H. Heripensis* de quelques auteurs), sont basées sur l'examen comparatif de onze cent cinquante-quatre coquilles, provenant de quatre-vingt-dix stations différentes. Il suffit de faire remarquer quelle somme de labeur et quels frais exigeraient la récolte, la préparation, la conservation, et l'étude comparative d'un pareil nombre de plantes, d'insectes, de vertébrés, ou de ces animaux mous, cœlentérés, vers, arachnides, etc., qu'il faut conserver dans l'alcool. L'examen comparatif de sujets recueillis à plusieurs années d'intervalle serait même très souvent impossible, car bien des caractères, par exemple chez les végétaux, ne peuvent être sérieusement étudiés que sur des échantillons frais. Les caractères spécifiques des mollusques testacés, au contraire, sont de ceux qui se conservent le plus facilement dans toute leur intégrité

2° Si les coquilles des mollusques conservent admirablement tous leurs caractères dans nos collections, elles les conservent aussi dans ces autres collections si précieuses au point de vue de l'histoire de notre globe, dans les amas de fossiles que recèlent les terrains sédimentaires. C'est aux mollusques, en effet, qu'appartient la grande majorité des espèces cataloguées jusqu'à ce jour par la paléontologie, et on peut dire que, pour un gisement fossilifère qui donne des restes déterminables de plantes ou de vertébrés, on en rencontre vingt ou trente donnant des coquilles de mollusques bien conservées. Les terrains tertiaires et quaternaires, en particulier, sont excessivement riches en dépouilles de mollusques terrestres et d'eau douce ; l'étude de ces mollusques peut donc être faite, non seulement à l'époque actuelle, mais encore dans les anciens âges ; c'est là un avantage considérable, et tout spécial.

3° Enfin, les mollusques terrestres sont peut être, de tous les êtres organisés, les plus attachés au sol qui les porte, et les moins aptes à émigrer au loin, ou même simplement à se déplacer à petite distance. Je ne dis pas qu'ils soient inaptes à ces déplacements, mais seulement qu'ils sont bien moins bien partagés sous ce rapport, qu'une foule d'autres organismes. Les végétaux ont leur graines, sans parler de celles si nombreuses qui sont pourvues d'organes spéciaux de dissémination, bien plus résistantes à la destruction que les fragiles œufs des mollusques; elles peuvent être portées au loin par les oiseaux qui les ont ingérées, ou encore elles peuvent être charriées au milieu des alluvions de surface des cours d'eau, sans que leur vitalité souffre la moindre atteinte. Il est presque inutile de faire remarquer que les vertébrés et la plupart des insectes sont doués d'organes de locomotion singulièrement perfectionnés. Citons aussi les mollusques marins, dont les courants littoraux déplacent facilement les œufs ou les embryons; les mollusques fluviatiles sont, eux aussi, bien plus mobiles que les mollusques terrestres. Cette localisation extrême des mollusques terrestres est précieuse au point de vue de l'étude de leurs migrations : leur dissémination étant difficile, leurs migrations ont été certainement peu nombreuses, et par suite celles-ci seront plus faciles à étudier, que chez les espèces douées de modes de locomotion très perfectionnés. Leurs aires de dispersion, ou autrement dit leurs domaines, sont aussi, pour le même motif, bien moins étendus, et l'étude si importante, nous le verrons bientôt, des limites et de la forme de ces domaines, pourra dès lors se faire facilement. Enfin l'influence des milieux, si elle contribue à modifier les caractères, sera bien plus facile à observer chez des êtres qui ne peuvent pour ainsi dire pas se soustraire par la fuite aux variations de ces milieux, et qui sont dès lors obligés de les subir, dans toutes leurs rigueurs.

C'est en considération de ces avantages multiples, que j'ai choisi pour objet spécial de mes études les mollusques, et plus particulièrement les mollusques terrestres. On verra, par la suite de ce travail, que mes prévisions étaient assez justes, et que, si je ne me trompe, l'étude de ces petits animaux est susceptible de faire avancer beaucoup la question de l'origine des espèces.

Toutefois, dans la partie synthétique de ce mémoire, lorsque j'essayerai de remonter des faits particuliers aux lois générales, je ne m'astreindrai pas à choisir exclusivement comme point d'appui de mes inductions, les seuls phénomènes observés chez les mollusques. Ce serait restreindre singulièrement le nombre des arguments utilisables dans une question si délicate, et je m'adresserai, au contraire, à tous les autres êtres organisés, végétaux ou animaux, qui pourront, soit me fournir des éléments de discussion, soit me servir à contrôler, en quelque sorte, la généralité des lois que j'énoncerai.

Le lecteur sera peut-être surpris de trouver, dans cette étude, un grand nombre de points d'interrogation, et de lacunes, concernant la faune malacologique terrestre de la France. Il pourra paraître singulier, au premier abord, qu'après plus de vingt ans de recherches personnelles, et sur un sujet qui a fait l'objet de travaux si nombreux et si remarquables, je ne puisse encore présenter un tableau complet de cette petite faune. Mais je ferai remarquer que les malacologistes, mes devanciers, ont suivi tous une méthode bien différente de la mienne : ils ont étudié la faunule de la petite région qu'ils habitaient, puis se sont procurés, par des *échanges*, les coquilles des autres régions. Or, les échanges m'étaient complètement interdits. D'une part, je devais conserver, de chaque station explorée, le plus grand nombre possible d'individus, afin d'observer les *passages*, en d'autres termes les variations des caractères, et afin d'étudier les lois de ces variations. En second lieu, et ceci est la raison principale, les échantillons qu'on reçoit par les échanges, et peut-on dire aussi par les achats, sans parler des erreurs ou des lacunes si nombreuses dans l'indication des stations originaires, sont des échantillons *triés, choisis;* tous les intermédiaires entre les formes qui ont été spécifiées sont soigneusement éliminés, le collectionneur qui échange, ou qui vend, ayant intérêt à posséder le plus grand nombre possible d' « espèces différentes », c'est à-dire, plus exactement, le plus grand nombre possible de *noms différents* à mettre sur les coquilles qu'il adresse à ses correspondants. On reçoit donc par les échanges ou les achats des matériaux à peu près inutilisables, quand on se propose de rechercher les lois de la variation des caractères. J'ai donc été réduit, dès le début de ces recherches, à mes propres ressources, c'est-à-dire que j'ai dû me borner à l'étude des seules coquilles que j'avais recueillies moi-même. Afin de réunir en nombre suffisant des matériaux d'étude, j'ai dû parcourir en tous sens presque toutes les régions de la France. Mais malgré le nombre considérable de coquilles que j'ai récoltées, environ trente mille, et dans plusieurs centaines de stations différentes, le champ d'étude que j'avais à parcourir est tellement vaste, que je n'ai pu en explorer que de bien faibles parties. Je n'ai fait, pour ainsi dire, que poser quelques jalons, pour des études ultérieures. J'espère donc que, en raison de l'isolement dans lequel j'ai dû travailler jusqu'à ce jour, on voudra bien excuser l'insuffisance, et les imperfections si nombreuses, de ce premier essai.

PREMIÈRE PARTIE

SIGNIFICATION, IMPORTANCE RELATIVE, CLASSIFICATION ET NOMENCLATURE
DES GROUPES TAXINOMIQUES D'ORDRE INFÉRIEUR
(ESPÈCES, SOUS-ESPÈCES, RACES, SOUS-RACES, VARIÉTÉS, MODES, ETC.)

CHAPITRE PREMIER

EXPOSITION DE LA MÉTHODE SUIVIE ET DÉFINITION DES TERMES EMPLOYÉS

Dès les premières récoltes de mollusques que j'eus l'occasion de faire aux environs de Lyon, ma ville natale, je fus frappé de ce fait que, dans la même espèce, les différentes colonies avaient souvent chacune une sorte de physionomie spéciale, très évidente lorsque je les comparais, dans ma collection bien modeste alors, par l'examen simultané d'un nombre suffisant d'individus provenant de chacune d'elles.

Ces caractères spéciaux à toute une colonie, difficiles à bien définir parfois, couleur de l'épiderme, épaisseur du test, grosseur relative de la coquille, etc., présentaient en outre ceci de particulier que souvent les autres espèces de la même station les possédaient également, en sorte qu'on pouvait vraisemblablement attribuer leur production à l'influence des milieux.

L'étude de ces caractères, pour la mise en évidence desquels il fallait réunir un assez grand nombre d'échantillons de chaque colonie, eut pour effet de porter mon attention sur les collectivités, sur les colonies prises dans leur ensemble, et non pas seulement sur les individus. En outre, conservant à chaque nouvelle récolte, un grand nombre de sujets de chaque espèce, je vis bientôt que non seulement les colonies présentaient de l'une à l'autre certaines différences morphologiques, mais encore que dans une même colonie les individus eux-mêmes variaient quelquefois beaucoup.

Dès lors je me proposai de déterminer l'*étendue de la variabilité* naturelle des espèces de la faune française, soit par l'examen comparé d'un grand nombre de colonies de la même espèce, soit dans chacune de ces colonies, par l'examen comparatif d'un grand nombre d'individus.

La méthode que j'ai suivie est donc fort simple, et peut se résumer en quelques mots : *récolter, pour chaque espèce, le plus grand nombre possible d'échantillons provenant du plus grand nombre possible de stations différentes; comparer entre eux tous ces individus, et chercher les lois des variations qu'ils présentent.*

Toutefois, dans la mise en pratique de cet énoncé, il convient de prendre un certain nombre de précautions importantes, faute de quoi cette récolte de coquilles n'aboutirait qu'à la formation d'un amas confus et encombrant de matériaux inutilisables, et même l'examen des différences morphologiques que présenteraient tous ces échantillons pourrait induire gravement en erreur. Je vais énumérer ces précautions indispensables.

1° Il ne faut pas abandonner au hasard le soin de déterminer, pour chaque espèce, les colonies à explorer. Les *stations types*, c'est-à-dire celles où les auteurs ont signalé pour la première fois la présence de l'espèce, doivent être soigneusement recherchées, car alors on a l'avantage de connaître la colonie qu'à eu en vue le malacologiste parrain de l'espèce, ou plus exactement, *on a l'avantage de connaître la colonie d'où provenaient les individus, ou l'individu, auxquels un auteur a cru devoir attribuer un nom spécifique*, et on peut contrôler dès lors ses appréciations. Malheureusement, il est souvent difficile, sinon impossible, de retrouver ces stations types (1), par suite de l'habitude déplorable qu'avaient et qu'ont encore la plupart des naturalistes, de n'attacher aucune importance à la désignation précise des stations.

Lorsque l'aire de dispersion, ou, en d'autres termes, le domaine de l'espèce considérée est déjà connu avec quelque exactitude, il convient de rechercher tout spécialement les *colonies limites*, c'est-à-dire celles qui sont établies sur la frontière même du domaine. En effet, si l'influence des milieux est susceptible de modifier plus ou moins les caractères des mollusques, c'est par l'étude de ces colonies limites qu'on pourra le reconnaître, car c'est vraisemblablement « alors que l'espèce est sur le point de ne plus pouvoir vivre, sous l'influence d'un milieu qui lui est contraire, que ses caractères spécifiques seront le plus profondément modifiés » (2).

2° Il faut noter, avec la plus grande exactitude et le plus grand soin, l'emplacement des stations qu'on a explorées, et ne pas imiter par conséquent les auteurs qui font suivre simplement leurs diagnoses « d'espèces nouvelles », d'un nom de pays, de province, ou même parfois d'un nom de localité inexact, ou incomplètement défini. Dans la publication d'une « espèce nouvelle », le plus important est précisément l'indication topographique exacte de la station où vit le sujet

---

(1) C'est ainsi que, pour ma part, j'ai inutilement cherché la *Margaritana Boissyi* de Michaud, à « Tour-la-Ville, près Cherbourg (Manche) »; le *Digyreidum Bourguignati* Paladilhe, à « Perpignan, dans le jardin Picos »; la *Clausilia Mongermonti* Bourguignat, « dans la vallée de Saint-Jean-de-Maurienne, en Savoie »; etc., etc.

(2) De la variabilité de l'espèce chez les mollusques terrestres et d'eau douce, in : Assoc. franç., congrès de la Rochelle, 1882, p. 549.

décrit ; le reste, c'est-à-dire la diagnose, la figure, le nom, sont incontestablement choses secondaires. Peu importe, en effet, qu'une espèce soit bien nommée, minutieusement décrite, et même admirablement dessinée, si on ne sait où la retrouver ; sa description et son iconographie ne sont plus dès lors que des documents à peu près inutilisables pour la science. Au contraire, si un explorateur signale la présence d'une espèce dans une station bien définie, cette espèce fût-elle simplement désignée par le nom du genre auquel elle appartient, et sa description fût-elle réduite à l'indication sommaire des caractères qui la différencient des autres espèces du même genre, la science se trouvera enrichie d'un fait réel, plus ou moins important, mais utilisable ; il sera facile ultérieurement, si cela est jugé nécessaire, de nommer et décrire officiellement cette espèce, c'est-à-dire de remplir les formalités complémentaires de sa découverte scientifique.

La règle qu'on doit s'imposer, en notant l'emplacement des stations qu'on étudie, est de *les définir avec assez de précision pour qu'un autre naturaliste puisse sans difficulté les retrouver*. On peut même avoir occasion, j'en parle par expérience, de mettre à profit soi-même cette précaution, lorsqu'on a, par exemple, rencontré dans la même journée plusieurs colonies distinctes, et qu'on désire, plusieurs années après, retrouver telle colonie particulière, dont l'intérêt était resté inaperçu tout d'abord, et dont la mémoire est impuissante à bien préciser la station (1).

3° Non seulement il convient de noter l'emplacement topographique des stations explorées assez exactement pour qu'il soit facile, au besoin, de les retrouver, mais encore il faut observer et noter, le mieux possible, l'*habitat* des espèces

---

(1) J'ai pu retrouver, par exemple, après plusieurs années, et grâce à la précaution que je viens d'indiquer, une colonie très intéressante d'*H. hortensis* aux environs d'Orsay, près Paris; la station de la *Clausilia Andusiensis*, près d'Anduze (Gard); une colonie singulière de *Bythinella Reyniesi* près de Châtelus (Allier), etc, etc.

récoltées, c'est-à-dire toutes les conditions du milieu spécial dans lequel elles vivent. Une liste complète de ces conditions est impossible à donner, car elles sont en nombre indéfini, pour ainsi dire ; je me bornerai à indiquer les principales.

Pour les mollusques terrestres, le *climat* est des plus importants à considérer ; ce terme correspond d'ailleurs à un grand nombre d'autres données, sur la température, le régime des pluies, des vents, etc. Le climat ne varie pas beaucoup, en général, dans une même région naturelle, et il suffit le plus souvent de le décrire une fois pour toute, lorsqu'on entreprend l'étude de la faune malacologique d'une région. Toutefois, l'altitude, l'orientation, la pente du sol, sa nature minéralogique, l'état boisé ou découvert du terrain, la proximité de grandes masses d'eau ou de hautes montagnes, etc., déterminent des modifications locales et très importantes du climat, et il ne faut pas négliger de les considérer. Certains mollusques vivent sur les arbres, d'autres dans les broussailles, d'autres enfin sur les gazons. Il convient de rechercher s'il n'y a pas corrélation entre telle espèce de mollusques, et telle espèce végétale, ou telle association végétale particulière.

L'*Helix muralis* ne se trouve en France qu'à Orgon, *au pied des murs ruinés de l'ancien château* qui couronne la colline ; il est donc assez probable que cette curieuse colonie provient d'une introduction artificielle, bien qu'involontaire, et remontant à deux ou trois siècles ; cette apparente disjonction se trouve dès lors expliquée. Il en est de même de l'*Helix serpentina* à Tauroentum : l'emplacement et la forme du petit territoire qui constitue le domaine de cette colonie autorisent à penser que celle-ci a eu pour fondateurs, il y a huit ou dix siècles au moins, et peut-être beaucoup plus anciennement encore, quelques individus apportés inconsciemment des côtes de la Ligurie, de l'Etrurie ou de la Corse, au milieu par exemple, d'herbes ou de feuilles sèches ayant servi d'emballage.

Pour les mollusques d'eau douce, il faut noter le régime des eaux qu'ils habitent, fleuves, rivières lentes ou rapides, ruisseaux, torrents, sources, lacs, étangs ou simples mares. La température, et le régime de cette température (lacs alpestres glacés une partie de l'année, sources thermales, etc.) doivent être soigneusement observés; il en est de même, bien entendu, de la profondeur des eaux (faune profonde des lacs). Notons enfin la composition chimique des eaux : certains mollusques semblent exiger des eaux salines, comme les *Peringia* et les *Paludestrina*, qui ne se rencontrent, en France, que dans les eaux saumâtres du littoral marin, et dans les sources plus ou moins salées des terrains triasiques. A défaut d'analyse chimique, il suffit le plus souvent de noter la nature géologique du bassin hydrographique du cours d'eau ; les margaritanes semblent vivre exclusivement dans les ruisseaux des terrains primitifs ou primaires ; dans ces mêmes ruisseaux, et dans ceux qui reçoivent les eaux de grandes plaines boisées, à sol imperméable (1), les eaux sont acides, et corrodent fortement les valves des Unionidées; tandis que, dans les ruisseaux ou rivières des terrains calcaires, les coquilles des Acéphales, ou même des Gastéropodes, sont souvent recouvertes de concrétions plus ou moins volumineuses. Rappelons aussi que différentes algues, vertes ou brunes, recouvrent souvent l'épiderme des coquilles d'eau douce, et il ne faut pas alors prendre la couleur de ces algues pour la couleur propre de l'épiderme.

Pour les mollusques marins ou des eaux saumâtres, on doit observer la profondeur de l'eau, sa température, l'état du fond, vaseux, herbacé, sableux ou rocheux, et dans ces

---

(1) La Clauge, par exemple, qui sert à l'évacuation des eaux de la forêt de Chaux, au nord-est du plateau Bressan.

différents cas, siliceux ou calcaire; le voisinage des courants, permanents ou temporaires; le degré de salure et ses variations, lorsqu'il y a dans le voisinage l'embouchure de quelque cours d'eau, ou lorsqu'il s'agit d'une masse d'eau temporairement ou définitivement isolée (étang de Lavalduc, en Provence, ou autres « mers mortes » analogues); la hauteur et le régime des marées, lorsqu'il s'agit de mollusques vivant près de la surface, etc., etc.

L'*habitat* d'une espèce ne doit pas être confondu avec son *aire de dispersion*; « pour caractériser l'habitat d'une espèce, il faut indiquer les conditions de milieu exigées par cette espèce, et aucun nom propre géographique n'est à employer pour cela; pour définir son aire de dispersion, au contraire, il suffit de la simple énumération des régions géographiques où on la rencontre » (1). Mais, bien entendu, la connaissance exacte de l'habitat permet d'expliquer plusieurs des particularités que présente l'aire de dispersion, mais non toutes, comme on le croit trop souvent; il ne faut pas s'imaginer que chaque espèce vit partout où elle pourrait vivre : ce serait là se tromper grossièrement.

La date de la récolte elle même a son importance, et doit être soigneusement consignée; suivant la saison, les jeunes et les adultes sont en proportions relatives très différentes. Les années sèches ont une influence manifeste sur la forme de certaines espèces, qui tendent alors à présenter le mode *præmaturus* (2).

4° Il est nécessaire de récolter, et de garder en collection, le plus grand nombre possible de sujets de chaque colonie, *ceux ci étant d'autre part récoltés sans choix.* Les naturalistes collectionneurs agissent en général très différemment : ils cherchent surtout les variétés *rares*, c'est-à-dire les sujets

---

(1) Les régions naturelles de la France, in : Feuille des jeunes naturalistes, 1ᵉʳ juin 1891, p. 173.
(2) Voir plus loin, chapitre IV.

exceptionnels. Par exemple, dans une colonie d'*Helix fruticum*, ce sont les sujets à coquille rose, ou à bande fauve, qu'ils rechercheront le plus, et à considérer leur récolte en pareil cas, on pourrait croire que la majorité des sujets qu'ils ont rencontrés appartient à l'une ou à l'autre de ces variétés, alors qu'au contraire celles-ci ne constituaient peut-être qu'une très faible minorité dans la colonie. De même, pour le *Bulimus detritus;* si on a récolté seulement les sujets très ventrus (*Bulimus detritus*, Locard, 1881) et les sujets très élancés (*Bulimus Locardi*, Bourg. in Locard, 1881. *Bulimus Arnouldi*, Fagot, 1887), *en négligeant tous les intermédiaires entre ces deux formes,* on aura dans ces deux groupes une représentation très fausse de la véritable population de la colonie étudiée.

Si on craint de s'encombrer, on peut à la rigueur se débarrasser d'une partie des échantillons récoltés, à la condition de noter avec soin leur nombre et leurs caractères; mais on risque alors de ne pas observer exactement ceux-ci, car souvent on est inapte à distinguer certaines nuances, qui, plus tard, sautent aux yeux au contraire, et paraissent même, alors, des caractères très importants, lorsque l'expérience et la pratique ont développé le « coup d'œil », c'est-à-dire la faculté de saisir à première vue les petites différences morphologiques.

5° Nous verrons, dans les chapitres suivants, combien il importe de connaître exactement les limites des *domaines spécifiques*. Il faut donc profiter de toutes les occasions pour réunir les documents qui permettront d'établir la carte de ces domaines. Dans les voyages d'exploration on ne doit donc jamais mépriser ni les coquilles vides, décolorées, subfossiles, ou brisées même, pourvu toutefois qu'elles soient encore déterminables, ni les espèces *communes*, qui souvent ne le paraissent que parce qu'on est habitué à les voir abondantes dans la région qu'on habite, tandis que leur présence dans telle station éloignée peut être des plus intéressantes à noter. Je citerai à ce propos l'exemple suivant. J'avais reçu, en mars 1891, pour être déterminées, un lot de coquilles récoltées par M. Hector Nicolas, d'Avignon, au sommet du mont Ventoux. Cette petite faunule comprenait *onze* espèces. Je ne gardai pour ma collection que quelques échantillons de *quatre* d'entre elles, me bornant à déterminer et à noter les autres : c'était donc comme si, allant au mont Ventoux, et récoltant onze espèces, je n'en avais gardé que quatre. Or précisément parmi les sept autres se trouvait le *Pomatias patulus*, et je ne m'aperçus que plusieurs mois après, en étudiant la distribution géographique de ce *Pomatias*, de tout l'intérêt de sa présence au sommet du mont Ventoux, à 1900 mètres d'altitude. Je me mis alors à douter un peu de ma détermination de mars 1891, me disant que je n'avais peut-être pas apporté tout le soin voulu à l'examen de ces *Pomatias*, puisque je ne soupçonnais pas alors leur importance ; n'ayant pas conservé dans ma collection quelques-uns des échantillons de M. Nicolas, je ne puis plus contrôler ma détermination, et je reste un peu dans le doute, jusqu'à ce que j'aie pu monter moi-même au mont Ventoux, ce que je me propose de faire, d'ailleurs, depuis fort longtemps.

Lorsqu'on est manifestement au milieu du domaine d'une espèce, il faut néanmoins ne pas négliger de noter, chaque fois qu'on la rencontre, tout au moins sa présence, et même, autant que possible, son abondance relative. En pareil cas, je me borne à récolter *un échantillon ;* lorsque je dépouille le contenu de mes boîtes, ce que je fais toujours peu de jours après, alors que j'ai la mémoire encore fraîche, cet échantillon m'empêche d'oublier l'espèce à laquelle il appartient ; je note alors celle-ci, avec l'indication de son abondance ou rareté relative, et je détruis l'échantillon (1). Il m'est toutefois arrivé bien souvent de regretter ensuite de n'avoir pas gardé en collection quelques échantillons de ces espèces simplement notées, car il y a utilité, parfois, à déterminer, dans le domaine d'une espèce, la distribution géographique de tel ou tel caractère spécial, qu'on ne rencontre que dans une partie de ce domaine.

Je crois devoir indiquer ici l'organisation matérielle de mes collections, un tel sujet rentrant évidemment dans l'exposé de la méthode que j'ai suivie. Voici comment j'ai toujours séparé, catalogué et arrangé les échantillons rapportés de mes voyages ou excursions malacologiques.

Au fur et à mesure de la récolte, j'enferme les mollusques ou les coquilles dans des boîtes en carton, en bois ou en métal, *chaque boîte correspondant à une station*, et celle-ci étant sommairement désignée au crayon sur le couvercle de la boîte. Il est en outre souvent nécessaire de prendre des notes sur le terrain même, au moment où on observe, par exemple, certains contrastes remarquables entre les faunules de plusieurs stations successivement explorées. Peu de jours après, afin d'avoir encore bien présent à la mémoire le souvenir de tout ce que j'ai observé et noté sommairement, je dépouille le contenu de mes boîtes ; chaque station est décrite, avec toutes ses particularités intéressantes, sur mon registre d'observations, qui est en même temps le répertoire de ma collection ; puis la faunule de la station considérée est indiquée, et les coquilles ou les animaux conservés sont enfermés dans des tubes de verre, chaque tube correspondant à une seule espèce d'une seule colonie, et chaque tube recevant un numéro d'ordre ; en d'autres termes, *chaque tube renferme tous les échantillons de même espèce qui ont été récoltés dans une même station*. Le numéro d'ordre est en même

---

(1) En d'autres termes, je ne garde jamais un échantillon dont la provenance n'est pas inscrite sur une étiquette *ne pouvant se séparer de l'échantillon*.

temps inscrit, avec l'indication très sommaire de la station sur une petite étiquette, qui est enfermée *à l'intérieur* et au fond du tube, et qui peut se lire facilement, sans déboucher celui-ci. Dans mon registre, en marge et en regard de chaque numéro, se trouve noté tout ce qui est relatif aux échantillons correspondant à ce numéro ; s'ils ont été soumis à la détermination des « auteurs », j'inscris le nom ou les noms qui m'ont été donnés. Certains échantillons ont reçu de la sorte, à quelques semaines d'intervalle, *et du même auteur*, deux noms spécifiques distincts ; il est à peine besoin de faire remarquer combien sont précieux de tels documents.

Les étiquettes jointes aux coquilles ne portent le plus souvent aucun nom spécifique ni générique, et sur mon répertoire, au moment de l'inscription, il n'y a généralement que le nom de genre. On comprend, en effet, que l'étude des espèces critiques soit différée jusqu'au moment où on peut faire cette étude avec l'aide de nombreux matériaux. C'est ainsi que j'ai récolté pendant de longues années des Bythinelles, sans chercher à les déterminer spécifiquement ; ce n'est que tout récemment que j'ai entrepris l'étude des quatre-vingt-neuf tubes de *Bythynella* que j'ai actuellement (novembre 1894) en collection (1).

Lorsque les coquilles sont de la grosseur de l'*Helix nemoralis*, j'emploie, concurremment aux tubes, des boîtes rondes en bois, à couvercle bien emboîté. Pour les coquilles de la grosseur de l'*Helix pomatia*, j'inscris à l'encre, sur chaque échantillon, le numéro d'ordre correspondant. Enfin, pour les grands acéphales, *Unio*, *Anodonta*, etc., chaque sujet porte son numéro, inscrit à l'encre à l'intérieur de chaque valve.

Actuellement, novembre 1894, mon répertoire comprend

---

(1) Je ne comprends pas dans ce nombre 9 tubes de *Moitessieria*, 8 de *Lartetia*, 22 de *Paludestrina*, 7 de *Peringia*, 14 de *Belgrandia*, et 17 d'*Amnicola*.

4239 numéros, ce qui correspond, à huit ou dix échantillons par numéro, en moyenne, à trente mille coquilles environ.

Ces trente mille coquilles proviennent de plusieurs centaines de stations, dont je ne donnerai pas, bien entendu, la liste détaillée. Je me bornerai à indiquer très sommairement les régions dans lesquelles ces stations sont distribuées.

Par suite de résidences prolongées ou de séjours de plusieurs années, ou tout au moins de plusieurs mois, j'ai beaucoup récolté de mollusques tout autour des points suivants, et parfois même dans leurs environs assez éloignés : Lyon, Clermont-Ferrand, Paris, Angoulême; Vonges (Côte-d'Or); Saint-Chamas, Marseille et Rousset (Bouches-du-Rhône); et, enfin, Saint-Pierre-Laval (Allier).

En outre, j'ai fait des excursions malacologiques spéciales aux environs de Neuchâtel-en-Bray et Dieppe (Seine-Inférieure), Honfleur (Calvados), Cherbourg (Manche), La Rochelle (Charente-Inférieure), Bordeaux (Gironde), Biarritz et Hendaye (Basses-Pyrénées), Luz (Hautes-Pyrénées), Port-Vendres et Perpignan (Pyrénées-Orientales), Toulouse (Haute-Garonne), Leucate (Aude), Agde, Cette, Clermont-l'Hérault et Montpellier (Hérault), Saint-Gilles, Beaucaire, Nimes, Uzès, Anduze et Saint-Etienne-des-Sorts (Gard), Privas et Aubenas (Ardèche), Crest et Montélimar (Drôme), Bollène, Vaucluse, Apt, Avignon et Cadenet (Vaucluse), Saint-Maximin Ollioules, Saint-Cyr, Hyères et Draguignan (Var), Cannes, Antibes, Nice et Menton (Alpes-Maritimes), Saint-Julien-en-Beauchêne et Abriès (Hautes-Alpes), la Grande-Chartreuse (Isère), Saint-Jean-de-Maurienne et Montmélian (Savoie), Hauteville (Ain), Dôle (Jura), Pontarlier (Doubs), Autun (Saône-et-Loire), Roanne (Loire), Saint-Germain-des-Fossés (Allier), Brioude et Langeac (Haute-Loire).

Avant d'aborder l'étude de tous les matériaux dont je viens d'indiquer la provenance, il me reste à définir les termes que j'emploierai dans la suite de ce travail, et surtout le mot *espèce*. L'idée que je me fais de l'espèce, et que j'espère communiquer à mes lecteurs, résulte naturellement des recherches que je vais exposer; je ne pourrai, dès lors, formuler la définition que je propose que comme un résumé de ces recherches. Mais, toutefois, je donnerai tout à l'heure une définition en quelque sorte provisoire qui me permettra tout au moins de parler avec précision et clarté.

I. *Une station est une petite portion du globe terrestre, assez restreinte pour que : 1° tous les individus de même genre* (1) *qui l'habitent puissent se rencontrer, et dès lors s'unir les uns aux autres, lorsqu'ils sont doués de sexualités différentes ; 2° pour que les conditions de milieu auxquelles sont soumis ces individus de même genre puissent être considérées comme identiques.*

D'après cette définition, suivant les animaux ou végétaux considérés, les stations seront d'étendues notablement différentes. Pour les poissons, tels que les Salmonidés, une station pourra comprendre plusieurs centaines de kilomètres d'un cours d'eau; pour les petites Bythinelles, au contraire, qui ne vivent souvent qu'aux environs immédiats d'une source, les stations n'auront parfois qu'une superficie de quelques décimètres carrés. Pour certains de nos oiseaux migrateurs on devra comprendre comme station presque toute l'Europe. Les stations des végétaux pourront avoir, au maximum, plusieurs milliers d'hectares (steppes, pampas, etc.); et, d'autre part, leur étendue n'aura pour ainsi dire pas de minimum (mousses ou lichens vivant à la surface de blocs erratiques isolés).

---

(1) Peu importe qu'on donne ici un sens très précis au mot genre; qu'on adopte les subdivisions sub-génériques très à la mode actuellement, ou qu'on prenne le mot genre dans le sens large qu'il avait pour les anciens auteurs.

II. *Une colonie est un ensemble d'individus de même genre, qui habitent une même station, et qui sont assez peu différents pour que le croisement de ces individus entre eux puisse être considéré comme possible, et que ce croisement puisse être supposé fécond.*

Si, par exemple, on trouve sur le même rocher des *Helix alpina* et des *H. lapicida*, nous dirons que ces hélices constituent *deux* colonies, car il ne viendra jamais à l'esprit d'un malacologiste qu'il puisse y avoir croisement fécond entre ces deux groupes. Si, au contraire, nous trouvons dans le même buisson des *Helix nemoralis* et des *H. hortensis*, nous dirons : une colonie d'*H. nemoralis* et *hortensis*.

III. *Une forme est la réunion des individus présentant un ensemble de caractères communs, caractères qui sont énumérés dans une diagnose, sorte de cadre plus ou moins vaste, et plus ou moins naturel.*

L'idée de *forme* est donc exclusivement morphologique ; j'appelle ici *forme* ce que certains auteurs nomment *espèce* (1). Parmi les auteurs qui ont ainsi donné des définitions exclusivement morphologiques de l'espèce, je citerai M. de Saporta (2), Bourguignat (3), et M. Locard (4). Ces auteurs appellent donc espèce ce que j'appelle simplement *forme*, ou *groupe d'individus semblables*.

Une diagnose est un cadre *plus ou moins vaste ;* ainsi l'*Helix nemoralis* de Linné, qui est définie, comme nous le verrons un peu plus loin, par une diagnose de *dix mots*, est un groupe bien plus vaste que l'*H. nemoralis* de Müller, car ce dernier

---

(1) Plusieurs botanistes emploient aussi le mot forme, mais dans le sens de *sous-espèce*, *d'espèce secondaire*, en un mot dans le sens de *race*. Voir, à ce sujet : Saint-Lager, Préface de la 8ᵉ édition de la Botanique de l'abbé Cariot, tome II, p. 9, 1889 ; et ; *Annales Soc. Bot Lyon*, séance du 20 mars 1894, p. 38 et suivantes.
(2) 1879, le Monde des plantes avant l'apparition de l'homme, p. 51.
(3) 1880, Matériaux pour servir à l'hist. des moll. acéphales du syst. européen, p. 100.
(4) 1881, Variations malacologiques, t. II, p. 3.

a disjoint en deux groupes (*H. nemoralis* et *H. hortensis*) ce que Linné appelait *H. nemoralis*. Bourguignat, à son tour, a cru devoir séparer de l'*H. nemoralis* de Müller une nouvelle forme, l'*H. subaustriaca*, pour laquelle il a donné une diagnose de *quatre-vingt-huit mots*. — L'*Helix variabilis* de Draparnaud 1805 est tout autre chose que l'*Helix variabilis* de Bourguignat 1887, car ce dernier entend ce mot dans un sens beaucoup plus restreint. — L'importance d'un groupe d'individus désignés sous un même nom peut même varier beaucoup pour un même auteur, dans un intervalle de quelques années : l'*Helix pisana* de Bourguignat en 1887 (1) est chose toute différente de l'*H. pisana* de Bourguignat en 1884 (2), car, en 1887, cet auteur a pris le parti de distinguer « vingt-quatre formes » différentes dans l' « amalgame d'Hélices » que chacun désignait jusqu'alors, lui-même y compris, sous le nom d'*H. pisana*; son *H. pisana* de 1887 n'est plus, dès lors, que l'une de ces vingt-quatre formes, et ce mot *pisana* a donc pour lui un sens beaucoup plus restreint qu'auparavant.

On peut dire aussi qu'une diagnose est un cadre *plus ou moins naturel*, en ce sens que la catégorie que délimite ce cadre mérite plus ou moins, au point de vue rationnel, d'être distinguée sous un nom distinct des catégories voisines. Risso, par exemple, a distingué (3) sous les noms : *Rumina decollata*, *Orbitina incomparabilis*, et *Orbitina truncatella*, trois degrés de développement de la coquille de la *Rumina decollata* (4). Ces trois formes sont assurément réelles, mais elles ne sont pas naturelles, c'est-à-dire qu'il est irrationnel de distinguer ces trois formes sous des noms distincts. Pareillement, les *Helix nemoralis* et *hortensis*, si on les carac-

---

(1) Prodrome de la macologie terrestre et fluviatile de la Tunisie, p. 79.
(2) Malacologie de l'Algérie, t. 1, p. 234.
(3) Histoire naturelle des principales productions de la France méridionale, 1826.
(4) Voir : Bourguignat, 1861, Etude synonymique sur les moll. des Alp. mar. publiés par Risso en 1826, p. 40 et 44.

térise exclusivement par la couleur du péristome, noir dans la première et blanc dans la seconde, ainsi, par exemple, que le faisait l'abbé Dupuy, ne sont pas des groupes naturels, c'est-à-dire rationnels.

Pour qu'une forme mérite d'être distinguée sous un nom distinct, il faut que le cadre qui la définit ne soit pas exclusivement conventionnel ; il faut adjoindre quelques considérations physiologiques, aux considérations purement morphologiques qui conduisent fatalement, lorsqu'on se borne à les considérer seules, à la notion purement conventionnelle de l'espèce (1). C'est ce que nous allons faire dans la définition suivante :

IV. *Sont de même espèce tous les individus plus ou moins semblables entre eux, qui sont, ou pourraient devenir, parents les uns des autres, par des unions fécondes à produits indéfinitivement féconds. — Sont d'espèces différentes, deux groupes d'individus, lorsque l'union croisée des individus de l'un des groupes avec les individus à sexualité différente de l'autre groupe est inféconde, ou donne naissance à des produits inféconds.*

Cette définition, qui est à peu de chose près celle de A. de Quatrefages (2), est provisoire, je le répète; le présent mémoire aura pour effet de la modifier quelque peu. Mais, néanmoins, elle est déjà bien supérieure à toutes les définitions purement morphologiques de l'espèce, et elle m'a servi de point de départ dans mes recherches.

« Dans la classification générale des êtres organisés, après

---

(1) Voici par exemple ce que dit de l'espèce l'un des auteurs précédemment cités, parmi ceux qui ont donné des définitions exclusivement morphologiques de l'espèce : « Pour nous, du reste, la donnée de l'espèce est essentiellement fictive et conventionnelle... En dehors de l'individualité naturelle ou tératologique, toute collectivité d'êtres aussi semblables entre eux que possible doit porter un nom distinctif. » (Catalogue général des mollusques de la France, par M. A. Locard, 1882, introduction, p. 8.)

(2) Charles Darwin et ses précurseurs français, 1870, p. 227.

l'individu », qui correspond à une idée simple et claire, du moins chez la plupart des animaux, « et après la *forme*, groupement plus ou moins artificiel et purement morphologique qui correspond à une première étude superficielle de l'ensemble des individus, on est amené à considérer les différences physiologiques que révèlent les phénomènes de l'hybridation ; faire de ces différences la caractéristique d'un deuxième groupement, qui serait l'*espèce*, groupement d'ordre plus élevé que le premier, et, en outre, essentiellement naturel, tel est, en définitive, le point de vue sous lequel nous croyons devoir envisager l'espèce ».

« Cette façon de considérer successivement l'*individu*, puis la *forme*, et enfin l'*espèce*, a le grand avantage de rester en dehors de toute hypothèse sur la grave question de l'origine des espèces. Si, plus tard on est conduit à séparer moins complètement que nous venons de le faire les phénomènes de métissage et ceux d'hybridation ; si même on acquiert la preuve que la sélection naturelle ou artificielle est susceptible de faire diverger les caractères de deux races cousines à ce point que les produits de leur croisement deviennent de véritables hybrides, l'espèce, définie comme nous venons de le faire, n'en restera pas moins un groupe *naturel* et de signification très précise.

« Mais, dira-t-on, comment reconnaître *pratiquement* si deux formes sont ou ne sont pas de même espèce ? — En étudiant les stations où ces deux formes vivent ensemble. En effet, si tous les individus d'une même colonie appartiennent à deux races ou à deux variétés distinctes d'une même espèce, les produits des croisements, métis indéfiniment féconds, auront bientôt formé une race à caractères intermédiaires, chez laquelle apparaîtront seulement, de temps à autre, par atavisme, quelques individus semblables aux premiers fondateurs de la colonie ; si ceux-ci, au contraire, appartiennent à deux espèces distinctes, les hybrides à caractères plus ou moins intermédiaires auxquels les unions croisées donneront naissance, si toutefois ces unions ne sont pas infécondes, seront peu nombreux et resteront toujours en faible minorité par rapport aux descendants directs de chacune des deux formes primitives. On peut donc énoncer encore la règle suivante :

« *Lorsque deux formes voisines morphologiquement se rencontrent dans une même station, deux cas peuvent se présenter : ou bien les intermédiaires sont nombreux par rapport aux représentants bien typiques des deux formes considérées, ou bien au contraire ils ne constituent que de rares exceptions. Dans le premier cas, les deux formes sont de même espèce, dans le second, d'espèces différentes.*

« Ainsi, quoique la notion de l'espèce repose sur une particularité physiologique tellement difficile à saisir expérimentalement qu'elle a été presque sans exception toujours négligée par les spécificateurs, on peut néanmoins, par l'étude purement morphologique d'un *grand nombre* d'individus, arriver indirectement à la délimitation rationnelle des groupes spécifiques (1). »

En d'autres termes, et plus exactement (2), lorsque tous les individus d'une colonie ne présentent entre eux que des différences égales à celles qui séparent les individus d'une même famille (issus d'un même couple), quand même ils appartiennent à différentes formes ayant reçu des noms « spécifiques » distincts, nous dirons qu'ils sont de la même espèce.

---

(1) Revision sommaire du genre Moitessieria, in : Feuille des jeunes naturalistes, 1884, p 106.
(2) C'est-à-dire en tenant compte, dans ce nouvel énoncé, des phénomènes de polymorphisme *polytaxique*, que j'avais négligé de considérer, en 1884.

V. *L'aire de dispersion, ou plus simplement le domaine d'une espèce, est la portion de la surface terrestre sur laquelle cette espèce est cantonnée. Si on suppose dressée la carte d'un domaine spécifique, la frontière, ou limite de ce domaine sera la ligne fermée la plus courte qui circonscrira toutes les stations habitées par l'espèce considérée.*

Cette proposition n'est pas seulement une définition, mais elle implique une loi très importante, qui a été énoncée de la façon suivante par Buffon : « Il n'y a peut-être aucun animal dont l'espèce soit généralement répandue sur toute la surface de la terre ; chacun a son pays, sa patrie naturelle dans laquelle chacun est retenu par nécessité physique ; *chacun est fils de la terre qu'il habite*, et c'est dans ce sens que l'on peut dire que tel ou tel animal est originaire de tel ou tel climat. »

VI. *Une espèce est dite polymorphe lorsque ses divers représentants diffèrent morphologiquement beaucoup entre eux. Le polymorphisme d'une espèce est diffus, ou monotaxique, lorsque les différentes formes que présente cette espèce sont reliées entre elles par un nombre indéfini d'intermédiaires ; le polymorphisme est polytaxique, au contraire, lorsque les différentes formes constituent plusieurs groupes bien distincts, plusieurs taxies, sans intermédiaires les reliant les unes aux autres* (1).

Il n'est pas besoin d'indiquer un exemple de polymorphisme diffus : tous les caractères, quels qu'ils soient, et chez toutes les espèces végétales ou animales, sont plus ou moins variables, c'est-à-dire qu'ils présentent tous un polymorphisme plus ou moins étendu.

(1) Au sujet des expressions *monotaxique, polytaxique, taxie*, voir la note au début du chapitre VIII, ci-après :

Quant au polymorphisme *polytaxique*, je me bornerai à citer le dimorphisme sexuel des vertébrés, le polymorphisme sexuel des insectes (abeilles, fourmis, termites), la diécie et l'hétérostylie des végétaux.

Chez les mollusques, on peut indiquer aussi plusieurs exemples de polymorphisme polytaxique. Les Céphalopodes, et un grand nombre de Gastéropodes sont dièques ; la différentiation sexuelle est même quelquefois considérable chez les Céphalopodes ; ainsi, le mâle de l'Argonaute, sans parler de son bras hectocotylisé, est bien plus petit que la femelle, n'a pas de bras palmés, et n'a pas de coquille. Chez les *Vivipara*, *Paludestrina*, *Ampullaria*, *Buccinum*, *Littorina*, les coquilles du mâle et de la femelle sont parfois un peu différentes. — On connaît un assez grand nombre de Gastéropodes à enroulement « indifférent », c'est-à-dire dont les individus sont tantôt dextres, tantôt senestres ; MM. Fischer et Bouvier (1) ont donné récemment une liste de *trente-huit* espèces offrant cette particularité, et appartenant aux genres *Turrilites*, *Partula*, *Achatinella*, *Auriculella*, *Orthalicus*, *Columna*, *Buliminus*, *Amphidromus*, *Ariophanta*, *Helix*, *Limnœa* et *Fulgur*. — Les Rudistes (*Chama*, *Diceras*, *Monopleura*, etc.) nous montrent aussi une sorte de dimorphisme fort singulier, qui a été étudié minutieusement par M. Munier-Chalmas. — Les *Etheria* du Nil sont également dimorphes, et leur dimorphisme, facile à interpréter, n'en est pas moins intéressant pour cela, bien au contraire. — Enfin, l'ornementation de certaines coquilles présente, comme nous le verrons bientôt, quelques particularités curieuses, qu'on peut rattacher à ce même ordre de phénomènes.

Après avoir ainsi défini les termes que nous emploierons, entrons maintenant dans le vif de notre sujet.

---

(1) Journal de Conchyliologie, 1892, p. 129 à 132.

CHAPITRE II

HELIX LAPICIDA

La faune malacologique de la France comprend environ trois cents espèces. Sur ces trois cents espèces nous allons en considérer un très petit nombre, principalement parmi les terrestres, que nous étudierons minutieusement, et qui nous serviront de types pour l'étude du polymorphisme de toutes les autres. Commençons par l'*Helix lapicida*.

L'*Helix lapicida* est une espèce très commune en France. Je l'ai récoltée dans un grand nombre de stations, dans les environs de Paris, la Normandie, les Pyrénées, le Languedoc, la Provence, le Vivarais, le Dauphiné, la Savoie, le Jura, le Bourbonnais. Il n'y aurait aucun intérêt à donner la liste détaillée des stations où je l'ai recueillie; en effet, cette espèce est très facile à déterminer, du fait de sa taille relativement grande, et surtout du fait de l'absence de tout autre espèce voisine avec laquelle on pourrait la confondre. On peut donc accepter, sans crainte d'erreur, les indications des conchyliologistes qui, dans les petits catalogues régionaux, ou départementaux, l'ont signalée dans une foule de stations. On peut dire qu'elle est commune dans toute la France, sauf dans les hautes montagnes, et dans la région de l'olivier.

En montagne, elle ne dépasserait pas 1300 mètres, d'après M. Locard (1), et 1500 mètres d'après Fischer (2). Je l'ai récoltée, pour ma part, huit fois à 1000 mètres ou au-dessus :

(1) 1881, Variations malacologiques, t. I, p. 139.
(2) 1881, Manuel de conchyliologie, p. 282.

ou sommet de Sainte-Victoire, en Provence, à 1000 mètres ; aux alentours du hameau de la Bastide, à l'extrémité sud-est de la Margeride, non loin des sources de l'Allier, vers 1100 mètres ; dans les Pyrénées, près de Barèges, à 1200 mètres environ ; à Planachat, près d'Hauteville en Bugey, à 1237 mètres ; dans la forêt de la Grande-Chartreuse, en Dauphiné, à 1300 mètres environ ; dans la forêt de Saou, en Dauphiné, non loin du Pas de la Chaudière, à 1300 mètres ; aux environs de Saint-Jean-de-Maurienne, en Savoie, à côté la chapelle de Greny, à 1400 mètres ; enfin dans la forêt de Durbon, sur le revers ouest du Dévoluy, en Dauphiné, à 1550 mètres environ. — En somme, elle est certainement encore très abondante dans les Alpes, de 1000 à 1500 mètres, et je ne doute pas qu'on ne puisse la rencontrer quelquefois jusqu'à 1700, 1800 mètres, ou même plus, principalement dans le Dauphiné méridional, ou dans l'est de la Provence.

Quant à la distribution de l'*H. lapicida* dans la région de l'olivier, on peut dire qu'elle y est rare, et seulement cantonnée dans les endroits abrités du soleil, ou arrosés plus souvent que le reste de la région, du fait de l'altitude un peu plus grande. Voici la liste des stations où je l'ai rencontrée, dans ces conditions :

La forêt de Sorède, dans les Albères, dans la zone du chêne vert, c'est-à-dire vers 500 ou 600 mètres d'altitude ; il est bien probable qu'elle se trouve aussi plus haut, où cependant je ne l'ai pas aperçue, dans la zone du châtaignier (de 700 à 900 mètres) et dans celle du hêtre et des pâturages (de 900 à 1200 mètres) ; — dans les Albères également, en dessous des ruines du château d'Oultrera, près de Sorède (Pyrénées-Orientales), à 600 mètres environ ; — sur la colline basaltique de Mougno, près Lieuran-Cabrières (Hérault), à 300 mètres environ ; — aux environs de Mazargues, dans le petit massif de

Marsilho-Veyre, près Marseille, à 200 mètres d'altitude environ; dans le val de Cride, au-dessus de Saint-Pons, près Gémenos (Bouches-du-Rhône), entre 600 et 700 mètres; — dans la forêt de la Sainte-Baume, où elle est excessivement abondante, de 600 à 900 mètres; — auprès de la source de la Grand-Foux, à Nans (Var), à 500 mètres environ; — à Evenos (Var), au dessus des gorges d'Ollioules, dans les anfractuosités du balsate, à 400 mètres environ; — au cap Sicié, près de Toulon, au nord et tout près de la chapelle de Notre-Dame de la Garde, vers 350 mètres; — à l'Hermitage Saint-Jean, près de Trets (Bouches-du-Rhône), de 600 à 650 mètres; — dans la gorge de la route de Pourrières à Rians (Var), de 450 à 500 mètres; — à l'Hermitage Saint Ser, près Puyloubier (Bouches-du-Rhône), c'est-à-dire sur le flanc méridional de la Sainte-Victoire, mais à 600 mètres environ; — à Vauvenargues (Bouches-du-Rhône), vers 500 mètres environ.

Au nord de la Durance, et dans la partie moyenne du Languedoc, c'est-à-dire dans une sorte de longue bande allongée de l'est à l'ouest, qui constitue le domaine propre de l'*H. cornea*, l'*H. lapicida* est assez répandue; mais ce n'est qu'au dessus de cette zone, c'est-à-dire dans le Dauphiné méridional et dans le Vivarais, qu'elle devient réellement abondante.

En dehors de la France, le domaine de l'*H. lapicida* s'étend largement sur presque toute l'Europe. Elle habite en effet l'Angleterre, l'Ecosse et l'Irlande; toute la plaine d'Allemagne, le Danemark, la Suède, la Finlande, la Suisse, la Bohème, l'Autriche, l'Italie, la Sicile, l'Espagne et le Portugal.

L'*H. lapicida* est un des plus anciens habitants de notre sol; non seulement elle a été signalée en divers points de l'Europe dans le quaternaire; mais encore elle aurait été trouvée par Michaud dans les marnes pliocènes d'Hauterives (Drôme) associée à la gigantesque *Clausilia Terveri*, à l'*Helix Chaixi*, et autres espèces actuellement éteintes (1).

Abordons enfin l'examen du caractère tout spécial que présente l'*H. lapicida ;* cette espèce varie, morphologiquement, très peu; *son polymorphisme est presque nul*, et on peut lui appliquer parfaitement le mot de Darwin, qui, à propos de la faune et de la flore des iles océaniques, rappelle qu'il arrive parfois que quelques espèces se sont répandues dans toutes les iles d'un vaste archipel, sans modifier leurs caractères, « de même que nous voyons quelques espèces largement disséminées sur un continent, rester partout les mêmes (2) ».

J'ai dit que le polymorphisme de l'*H. lapicida* est *presque* nul : il va sans dire, en effet, qu'on peut observer quelques variations dans la forme, les dimensions ou la coloration de la coquille; certains individus sont plus déprimés, d'autres, au contraire, ont la spire élevée ; la carène est plus ou moins aiguë, l'ombilic plus ou moins ouvert, etc., etc. Mais toutes ces variations sont si peu importantes et altèrent si peu la physionomie de la coquille, les caractères de l'espèce en un mot, que les conchyliologistes les plus novices et les moins expérimentés n'hésiteront jamais, dès qu'ils auront vu cette espèce une seule fois, à la reconnaître dans toutes ces variétés si peu différentes les unes des autres.

La variabilité d'une espèce linnéenne, ou draparnaldique, peut se mesurer, en quelque sorte, par le nombre de formes, qualifiées « espèces », entre lesquelles elle a été démembrée par les auteurs modernes qui ont adopté les systèmes de M. Jordan, pour les végétaux, ou de Bourguignat, pour les mollusques. Nous aurons plusieurs fois, dans le cours de

---

(1) Descr. coq. foss. Hauterives, in : *Journal de conchyliologie*, 1862; — A. Locard, 1878, description faun. malac. Lyonnais et Dauphiné, in : *Arch. Museum de Lyon*, t. II, p. 208.

(2) Origine des espèces, ed. française, 1887, p. 478.

ce travail, l'occasion de vérifier cette proportionnalité. Or, précisément, l'*H. lapicida*, dont le domaine occupe presque toute l'Europe, jouit d'un polymorphisme si réduit qu'une seule forme en a été séparée par Bourguignat, en 1876, sous le nom d'*H. Andorrica*. « Cette hélice, qui à première vue ressemble à une *lapicida*, diffère complètement de cette espèce par la déflexion de son dernier tour, l'obliquité de son ouverture, et par son étroite perforation. Chez la *lapicida*, l'ombilic est large et très évasé au dernier tour (1). » Cette *H. Andorrica* est indiquée par Bourguignat comme vivant dans « les Pyrénées espagnoles entre Andorre et San Julia de Loria ». Mais M. Fagot nous dit qu'elle se trouve dans toutes les Pyrénées, sur les deux versants, « çà et là avec le type, quelquefois en colonies (2) ». Le type veut dire vraisemblablement l' « *H. lapicida* type ». Nous reviendrons ultérieurement sur cette précieuse indication de M. Fagot (3); pour le moment, faisons abstraction de cette *H. Andorrica* à très étroit ombilic, que je n'ai, je l'avoue, pas encore eu l'occasion d'observer; il reste acquis que l'*H. lapicida* varie fort peu dans presque toute l'étendue de son domaine, et nous pourrons énoncer la conclusion suivante :

Certaines espèces, telles que l'Helix lapicida, ont leurs caractères morphologiques très peu variables, bien que possédant d'autre part un domaine très étendu, et vivant dès lors dans des conditions de milieu très variées.

(1) Bourguignat, 1876, *Species novissimæ*, p. 39.
(2) Fagot, 1892, Hist. malacologique des Pyrénées, p. 27.
(3) Voir plus loin, chap. VII.

CHAPITRE III

BULIMUS DETRITUS

Le *Bulimus detritus*, de même que l'*H. lapicida*, est une espèce de grande taille, facile à trouver et à déterminer; sa distribution géographique est donc assez bien connue. En France, ce bulime est très abondant dans le Dauphiné méridional et les Cévennes calcaires, particulièrement le Vivarais; ses stations y sont très multipliées, et ses colonies très populeuses. A mesure qu'on s'écarte de cette sorte de centre de gravité de son domaine, il est de moins en moins commun, surtout lorsque le sol n'est pas calcaire. Il est encore assez répandu dans le Dauphiné et la Savoie, et il y monte jusqu'à une assez grande altitude; je l'ai récolté pour ma part, dans la Maurienne, jusqu'à 1400 mètres; peut-être le trouverait-on encore plus haut. On le rencontre, çà et là dans le Jura et les Vosges. Au nord-ouest et à l'ouest, il ne semble pas s'écarter de la ceinture de terrain jurassique qui borde le plateau central; il m'a été signalé comme abondant à Bourges, par M. le Commandant Caziot; je l'ai reçu des environs d'Angoulême, de M. le Capitaine Croizier; il a été signalé dans le Périgord, le Quercy et l'Agenais par Gassies; M. Caziot me l'a envoyé, récolté par lui-même, de plusieurs stations de l'Albigeois, qui d'ailleurs confine aux causses Cévènols, où il est très commun.

A l'intérieur du vaste cercle que nous venons de parcourir, c'est-à-dire dans le Plateau Central, on le rencontre assez fréquemment, mais presque exclusivement sur les lambeaux de terrain tertiaire qui sont échelonnés dans les vallées de la Loire et de l'Allier. Bouillet l'a signalé aux environs de

Clermont-Ferrand, où il est commun dans les vignes, c'est-à-dire dans la zone de collines calcaires comprises entre la plaine de la Limagne et les hauts plateaux granitiques (ou gneissiques). Pascal l'a de même indiqué comme très abondant dans les vignes des environs du Puy-en-Velay. Je l'ai moi-même récolté près de Brioude, sur le petit lambeau de tertiaire d'eau douce qui avoisine la ville, à l'ouest, et encore dans les vignes.

Dans les Corbières, le *B. detritus* est assez commun ; mais au delà, c'est-à-dire dans les Pyrénées, il devient rare, et n'occupe que les deux tiers environ de la chaîne, c'est-à-dire, qu'il ne dépasse pas, à l'ouest, la vallée de Cauterets, ou peut-être celle du Gave d'Auzun, sur le versant français, et celle du Rio Cinca, vis-à-vis du Gave de Pau, sur le versant espagnol. M. Fagot, qui connaît mieux que personne la faune malacologique des Pyrénées, et à qui nous devons ces indications si précises, fait remarquer que le *B. detritus* ne dépasse pas à l'est, sur le versant français, la vallée de l'Agly, ou plus exactement, devrait-il dire, le massif du Canigou (Massot l'a signalé, en effet, à Vernet-les-Bains, et à Villefranche-de-Conflent, c'est-à-dire dans la vallée de la Tet), tandis que sur le versant espagnol il arrive jusqu'auprès du littoral. Cette particularité me semble facile à expliquer, par la répulsion que semble avoir le *B. detritus* pour les terrains non calcaires; il est facile de comprendre qu'il ne vive pas dans les Albères gneissiques ; et s'il a été trouvé, comme nous venons de le rappeler, à Villefranche-de-Conflent et à Vernet-les-Bains, au pied du Canigou, c'est vraisemblablement sur les « marbres » qui sont signalés dans ces localités, c'est-à-dire sur les petits îlots calcaires qui sont intercalés au milieu des schistes.

Au sud des Cévennes, et du Dauphiné, c'est-à-dire dans le Languedoc et la Provence, le *B. detritus*, ne s'étend pas

bien loin ; il semble ne pouvoir s'adapter au climat, trop
chaud ou trop sec de la région de l'olivier. Au nord de Montpellier, Moitessier l'indique à St-Bauzille-de-Putois (Hérault),
le long du sentier qui conduit à la grotte des Demoiselles,
à Brissac, Laroque et Ganges (Hérault); Draparnaud l'avait
signalé aux environs d'Uzès ; je l'ai récolté moi-même au Mas-
des-Gardies, petite station de la voie ferrée d'Alais à Nimes,
à 10 kilomètres environ au sud d'Alais ; je l'ai récolté également à Anduze (Gard). En Provence, le *B. detritus* semble
ne pas dépasser, au sud, le Luberon ; j'en ai trouvé quelques
échantillons aux alentours de la source de Vaucluse, et j'ai
constaté son abondance aux environs d'Apt, et en particulier
aux ruines du château de Saignon, dans l'espace compris
entre Apt et le vallon de Rocsalières, et depuis Apt jusque
dans les gorges de l'Aiguebrun, à travers le Luberon, mais
pas au delà de l'embranchement de Bonnieux. A l'est, M. Berenguier l'a signalé à Sillans, Voiron, Rians, Moissac, Aiguines
et Comps (toutes stations dans le département du Var), et il
l'indique « assez rare » en dessous de 500 mètres, et « commune » dans sa « région montagneuse, zone subalpestre »,
région et zone qu'il n'a malheureusement pas bien définies.
Enfin, Risso l'a indiqué dans la vallée de la Tinée (t. IV, p. 78),
c'est-à-dire dans la vallée de Saint-Sauveur.

En dehors de la France, le domaine du *B. detritus* s'étend largement à l'est surtout le massif des Alpes, sur la Bosnie, l'Herzégovine, l'Epire, la Roumélie, la Grèce, l'Asie Mineure, et même
la Perse. Au nord, ce bulime semble s'arrêter devant les vastes plaines de la Russie et de l'Allemagne ; au nord-ouest on
l'observe çà et là dans la vallée du Rhin, à Ems-les-Bains, par
exemple, et dans les collines calcaires de la Belgique; mais
il ne se trouve pas en Angleterre. En Espagne, nous avons
déjà indiqué qu'il ne s'étend pas au delà du versant méridional
des Pyrénées. En Italie, on signale sa présence dans presque

toute l'étendue des Apennins, mais toujours à une altitude assez élevée.

Enfin, à l'état fossile, le *B. detritus* a été signalé dans les terrains quaternaires, aux environs de Lyon (Locard), sur les bords du Rhin (A. Braun), et dans la vallée de la Cettina (Bourguignat, 1880).

Tandis que l'*Helix lapicida* est remarquable par son polymorphisme très restreint, le *Bulimus detritus* va nous présenter un polymorphisme un peu plus étendu, quoiqu'encore assez réduit, relativement aux espèces que nous examinerons après lui.

Tout d'abord, on peut observer, dans presque toutes les colonies un peu populeuses de *B. detritus*, trois caractères variant dans des limites assez étendues. Je ne parle ici que de la France, car je n'ai pas encore eu l'occasion d'étudier le polymorphisme de ce bulime en dehors de cette portion, assez restreinte en somme, de son domaine.

1° La forme de la coquille varie entre deux extrêmes qui ont été figurés par M. Locard (1) et nommés par lui : la forme écourtée, *Bulimus detritus* Locard, et la forme allongée, *Bulimus Locardi* Bourguignat. Ce dernier nom a été changé récemment (2) en celui de *B. Arnouldi* Fagot, le nom de *B. Locardi* ayant déjà été employé par M. Matheron (3), en 1878, pour une espèce fossile éocène de la Provence. Je désignerai ces deux *modes* par les termes *inflatus* et *elongatus*.

2° La coquille est tantôt blanche ou blanc jaunâtre, unicolore, tantôt ornée de raies transversales, ou « flammes », cornées ou brunes, et plus ou moins transparentes. J'appellerai *albidus* et *radiatus* ces deux modes, qui sont bien connus de tous les auteurs, mais auxquels on n'a pas encore

---

(1) Monographie genres *Bulimus* et *Chondrus*, 1881, pl. I, fig. 4 et 5.
(2) Contributions faun. malac. Aragon, 1887, p. 14.
(3) Recherches paléont. midi franc., 15ᵉ partie, pl. I, fig. 6.

donné de nom spécial, ainsi que je le montrerai tout à l'heure.

3° Enfin, la taille de la coquille varie entre des limites assez étendues; sa longueur oscille entre 15 et 25 millimètres. On peut donc encore distinguer dans ce cas deux modes, les modes *minor* et *major*.

Je désignerai par a_1 le mode *inflatus*; par a_2 le mode *normalis*, intermédiaire entre *inflatus* et *elongatus*; et par a_3 le mode *elongatus*. Pareillement, les modes *albidus* et *radiatus* seront désignés respectivement par les lettres b_1 et b_2; enfin, le mode *minor* par c_1, le mode *medius*, intermédiaire entre *minor* et *major*, par c_2, et le mode *major* par c_3.

En nous servant de ces notations, nous pourrons dire que le *Bulimus detritus* présente les divers modes suivants :

ex forma : a_1, a_2 et a_3.
ex colore : b_1 et b_2.
ex amplitudine : c_1, c_2 et c_3.

Il est facile de voir, en outre, que ces trois séries de modes constituent *dix-huit* combinaisons différentes, telles que : $a_1 b_2 c_3$, $a_3 b_2 c_1$, $a_3 b_1 c_2$, etc.

Or, il est assez facile de trouver toutes ces variétés, dont un certain nombre ont déjà reçu des noms spéciaux. La variété *major* de Moquin-Tandon, par exemple (1), « coquille plus grande et plus allongée », comprend $a_3 b_1 c_3$ et $a_3 b_2 c_3$; sa variété *minor*, « coquille plus petite et plus courte », comprend $a_1 b_1 c_1$, et $a_1 b_2 c_1$. Le *Bulimus detritus*, var. *minor* de M. Locard (2), n'est autre chose que $a_2 b_1 c_1$, car dans sa description l'auteur a eu soin de préciser très complètement les caractères : « coquille de petite taille, pouvant ne mesurer que 15 millimètres de hauteur (c'est donc c_1, et non c_2 ou c_3), mais d'un même galbe général peu renflé (c'est donc a_2 et non a_1,

(1) Hist. nat. moll. France, 1855, t. II, p 295.
(2) Monogr. genr. *Bulimus* et *Chondrus*, 1881, p. 9.

qui est une des caractéristiques de la variété *inflatus* du même auteur, et encore moins a_3, qui est le caractère des différentes formes nommées par lui *B. Locardi*), non flammulé (c'est donc b_1 et non b_2), avec des stries plus accusées. » Le *Bulimus detritus*, var. *inflatus* de M. Locard comprend $a_1 b_1 c_2$ et $a_1 b_2 c_2$; le *B. Locardi* var. *minor* comprend $a_5 b_1 c_1$ et $a_3 b_2 c_1$; et ainsi de suite, pour toutes les variétés décrites et dénommées par les différents auteurs.

En somme, chez le *Bulimus detritus*, les trois caractères a, b et c, que nous avons en vue en ce moment, sont un bon exemple de *polymorphisme diffus*. Je ne veux pas dire, bien entendu, que, dans chaque station de cette espèce, on trouve les dix-huit variétés que j'ai définies; chaque colonie peut être caractérisée, au contraire, par l'absence, la présence ou la fréquence de tel ou tel mode particulier. Dans l'une, par exemple, tous les individus seront élancés (mode *elongatus*, a_3, *Bul. Arnouldi* de Fagot); dans une autre, tous les individus seront très petits (mode *minor*, c_1, comme dans la station des Arborats, près de Lyon). Moquin-Tandon avait déjà dit : « Sur 147 individus récoltés près de Digne, il y en avait 139 types, 3 *radiatus* et 5 *albinos*. Sur plus de 100 individus observés dans les Pyrénées, aux environs de Gavarnie, par M. Boutigny, il n'y en avait qu'un seul de la variété *radiatus*. Sur 1380 individus du midi de l'Aveyron, il y avait 210 types, 1 *radiatus*, 2 *Pfeifferi*, 1104 *albinos*, 13 *major* et 50 *minor* (1). »

Cette analyse semblera peut-être puérile, mais elle nous montre cependant, déjà, quoique l'espèce que nous avons en vue actuellement soit assez peu polymorphe, qu'il n'est guère logique d'associer artificiellement sous un nom distinct plusieurs des caractères variables d'une espèce. C'est ainsi que les variétés *major* et *minor* de Moquin-Tandon, et les

(1) Hist. nat. moll. 1855, t. II, p. 296.

B. detritus var. *minor*, et *B. Locardi* var. *major*. de M. Locard, pour ne parler que des variétés que nous avons considérées séparément, ne sont que des associations artificielles de caractères, associations qui sont réalisées très souvent, il faut bien le reconnaître, mais qui ne méritent vraiment pas l'honneur d'un nom spécial. Il n'y a, en effet, que deux partis à prendre ou bien faut-il donner un nom distinct à chacune des dix-hui variétés que nous avons définies — ce qui serait plus logique, mais aussi vain et inutile que de donner un nom à une partie seulement d'entre elles; — ou bien doit-on simplement, comme je l'ai fait, donner un nom à chacun des *modes* distincts que peut présenter chacun des caractères variables. Ces noms permettent de caractériser très nettement la physionomie morphologique de chaque station. On dira par exemple : dans telle station, un cinquième environ des individus présente le mode *elongatus*, le reste de la population se partage à peu près entre les modes *normalis* et *inflatus ;* quelques sujets, en petit nombre, un dixième environ, présentent le mode *radiatus,* et le reste est *albidus ;* et, enfin, comme taille, les individus oscillent entre les modes *medius* et *major*, à l'exception d'un très petit nombre, 4 ou 5 0/0, de sujets *minor*. — C'est là ce que j'ai observé pour 200 sujets environ, récoltés le 5 avril 1882, sur les talus de la route de Montélimar à Carpentras, au sortir même de Montélimar. Il serait impossible de décrire avec autant de clarté, de précision et de concision, la morphologie d'une colonie, en se servant des noms de variétés des auteurs ; qu'on veuille bien relire, comparativement, la description que j'ai précédemment donnée, d'après Moquin-Tandon, d'une station « du midi de l'Aveyron ».

Les noms distincts, pour chaque *mode*, ont en outre l'avantage de permettre l'étude de l'influence des milieux sur les caractères variables. Il est à peine besoin de faire remarquer, en effet, que ce n'est qu'en *analysant* les divers caractères, et en cherchant, pour chacun d'eux, si telle ou telle manière d'être, tel *mode*, en un mot, est toujours corrélatif de telle ou telle condition de milieu, qu'on aura quelque droit d'induire qu'il y a relation de cause à effet entre cette condition de milieu et le mode correspondant.

Le *Bulimus detritus* nous présente donc un premier exemple bien net de *polymorphisme diffus*, ce polymorphisme étant, d'autre part, assez peu étendu. Mais il va nous montrer également de bons exemples de *localisation des caractères*.

Aux environs de Clermont-Ferrand, il existe une curieuse variété, désignée par Bouillet en 1836 (1) par la lettre E, « belle variété jusqu'ici particulière à l'Auvergne, d'un jaune corné, brunâtre, transparente, de la même grosseur que les autres variétés ». Jusqu'à ces derniers temps, je croyais, moi aussi, que cette variété *cornée* était spéciale aux environs de Clermont; je ne l'avais jamais récoltée, et ne la connaissais que pour en avoir reçu de nombreux échantillons, de M. Drouet, en 1879. Mais tout dernièrement, M. Gabillot, de Lyon, m'en a montré, dans sa collection, trois échantillons bien caractérisés, qu'il aurait récoltés lui-même, vers 1848, 1849 ou 1850, aux environs d'Embrun (Hautes-Alpes). En outre, Deshayes a signalé, en 1832, sous le nom de *Bulimus corneus*, une coquille de la Morée, qui est peut-être aussi cette même variété.

La synonymie du *Bulimus corneus* doit nous arrêter un instant, car elle est assez compliquée. En 1832, Deshayes (2) a décrit, et fort bien figuré, *un unique* échantillon, sous le nom de *Bulimus corneus*. « Cette espèce paraît rare, car nous n'en avons vu qu'un seul individu », dit Deshayes; et un peu avant : « ce bulime a, par sa forme et sa taille, beaucoup

---

(1) Catalogue des mollusques de la haute et basse Auvergne, p. 47.
(2) Expédition scient. Morée, p. 164 et 165.

d'analogie avec le *Bulimus detritus* ». En effet, les deux excellentes figures qu'il en donne montrent une coquille en tout semblable à certaines variétés du *B. detritus*, sauf que « toute la coquille est mince, transparente, d'une couleur de corne foncée et rougeâtre », c'est-à-dire analogue, semble-t-il, sous le rapport de la constitution du test, au *Bulimus montanus* des Alpes et du Jura.

En 1855, de Grateloup et Raulin (1) rattachent à cet énigmatique *B. corneus* de Deshayes la variété unicolore, cornée, du *B. detritus* des environs de Clermont, variété que Bouillet avait largement répandue alors dans les collections.

En 1863, von Martens (2) considère le *B. corneus* de la Morée, décrit par Deshayes, comme une variété du *græcus* de Beck (3). Mais cette opinion n'est justifiée par rien. En 1877, Kobelt (4) donne aussi le *corneus* de Deshayes comme synonyme du *græcus* de Beck, mais en reproduisant, à peine modifiée, la diagnose latine de Deshayes : il semble avoir des doutes. Enfin, Westerlund, en 1887 (5) adopte, sans commentaires, l'opinion de Kobelt et de von Martens (6).

En somme, il y a certainement, ceci est admis par tout le monde, deux espèces de bulime dans la Morée, le *detritus* et le *græcus*, tous les deux fort répandus. En outre, *une coquille* de bulime a été décrite et figurée en 1832 par Deshayes sous le nom de *corneus;* ce *corneus* de Deshayes est-il une simple variété du *detritus*, dont il ne diffère que par l'épaisseur et la couleur du test ? cela me semble le plus probable ; est-ce une espèce distincte ? cette opinion est encore soutenable, à la

---

(1) Catal. moll. terr. et fluv. de la France, p. 16.
(2) Malac. Blätt, t. XX, p. 38
(3) Beck, 1837, Ind. moll. p. 72.
(4) Suites à Rossmasler, Icon. land and Süssw. moll., p. 66.
(5) Fauna Paläarctischen, p. 27.
(6) Bourguignat a décrit une variété *cornea* du *Bul. Jeannoti* de l'Algérie (Malac. Alg., 1864, t. II, p. 11); mais il ne peut y avoir de confusion entre le petit *B. Jeannoti* Terver, et les grands *B. detritus* et *græcus*.

rigueur; enfin, est-ce une variété du *græcus*, espèce si distincte du *detritus*, comme l'ont dit von Martens, Kobelt et Westerlund? cela me semble tout ce qu'il y a de plus invraisemblable. En tout cas, il est certainement impossible de trancher définitivement la question, avec les seuls éléments si incomplets qu'on peut rencontrer dans les ouvrages ci-dessus cités; l'étude réelle des mollusques de la Morée, et non pas l'étude du peu qu'en ont dit les auteurs, pourrait seule apporter de nouveaux éléments de discussion.

Quoi qu'il en soit du *Bulimus corneus* de Deshayes, il reste acquis que le mode *corneus* — coquille unicolore, jaune corné, un peu transparente — s'observe quelquefois chez le *Bulimus detritus*, et que ce mode semble très localisé dans quelques rares stations, en dehors desquelles on ne l'observe jamais.

Sur le versant oriental du petit massif du Lépine, en Savoie, M. Locard a signalé, en 1881 (1), d'après Bourguignat, une autre variété singulière, le *B. sabaudinus* Bourguignat, que je ne saurais mieux décrire qu'en disant que c'est un *Bul. detritus* présentant les modes *minor* et *elongatus*, et en outre une irrégularité de développement de la spire, analogue à celle qui caractérise les *Ferussacia Vescoi* et *Gronoviana*, deux variétés de la *Fer. folliculus* (2). Ce *B. sabaudinus* a été figuré très soigneusement par M. Locard.

Ces deux variétés du *Bul. detritus*, la variété *cornea* des environs de Clermont, et la variété *sabaudina* des bords du lac du Bourget, diffèrent donc des autres variétés dont nous avons parlé jusqu'ici en ce que ce sont des formes très localisées, et dont la caractéristique, pour chacune d'elles, n'a pas encore été observée dans un grand nombre de stations. Des

---

(1) Monogr. genres *Bulimus* et *Chondrus*, p. 12, pl. I, fig. 8 et 9.
(2) J'ai indiqué dans une précédente petite note, les relations mutuelles de ces différentes formes de Ferussacies (*Sur la faune malac. des îles de la rade de Marseille*, 1891, in : Assoc. franc. avanc. sciences, congrès de Marseille, 2º partie, p. 550).

noms spéciaux sont donc justifiés, jusqu'à un certain point, pour ces formes spéciales. Mais comme on ne peut avoir la moindre incertitude au sujet de la parenté incontestable de ces deux formes avec le *B. detritus* ordinaire, il convient que ces noms soient des noms de variétés.

Le polymorphisme du *Bul. detritus*, en France, pourrait donc s'exprimer par le tableau suivant :

Bulimus detritus.
Modes : *(ex forma) inflatus, normalis, elongatus.*
— *(ex colore) albidus, radiatus, melanorhinus.*
— *(ex amplitudine) major, medius, minor.*
— *(ex epiderme) lœvigatus, excoriatus.*
Variétés : *cornea* (Clermont-Ferrand et Embrun).
— *sabaudina* (bords du lac du Bourget).

J'ai ajouté, pour rappeler la variété *excoriata* de Dumont et Mortillet (1), variété que je n'ai jamais eu l'occasion de récolter, jusqu'à ce jour, les deux modes *lœvigatus* et *excoriatus*, ce qui ferait trente-six variétés modales, au lieu de dix-huit ; toutefois, vers la limite altitudinale supérieure du *Bul. detritus*, c'est-à-dire là où se présente le mode *excoriatus*, le mode *radiatus* semble devenir excessivement rare, et peut-être ces deux modes, *radiatus* et *excoriatus* sont-ils incompatibles ; cela réduirait à vingt-sept seulement le nombre des variétés modales. En outre, j'ai ajouté aussi, comme troisième mode *ex colore*, le mode *melanorhinus*, que je n'ai jamais rencontré non plus, mais que Moquin-Tandon cite (2) d'après un catalogue de Cristofori et Jan, sans en indiquer la station ;

---

(1) 1857. Catal. crit. et malac., p 99.
(2) 1855 Hist. moll. France, t. II, p. 294. — Lorsque la coquille des *Bulimus detritus* est mince, et lorsqu'on laisse pourrir dans cette coquille l'animal ou tout au moins la partie de son corps qui occupe les premiers tours, l'extrémité du tortillon devient noire, et se voit par transparence ; ne serait-ce pas là tout simplement la variété *melanorhinus* de Cristofori et Jan ?

cette variété est caractérisée par la couleur noirâtre du premier ou des premiers tours; elle est incompatible aussi, très probablement, avec le mode *excoriatus*, et cela n'augmente que de neuf le nombre des variétés modales, qui se trouve par conséquent porté à trente-six environ.

J'ai donné dans le tableau précédent une importance un peu plus grande aux deux variétés *cornea* et *sabaudina*, parce qu'elles sont assez localisées, et parce qu'elles ont été distinguées, et spécifiées par quelques auteurs. Mais il serait à mon avis préférable de les ranger elles aussi parmi les simples modes. La variété *cornea* n'est en somme que la limite du mode *radiatus*, lorsque les flammes deviennent confluentes. Quant au *B. sabaudinus* de Bourguignat, nous avons déjà dit que, en dehors des deux modes *minor* et *elongatus*, il ne présente pas d'autre caractéristique qu'une légère irrégularité de développement de la spire, irrégularité qu'on pourrait désigner par l'épithète *irregularis*. Le polymorphisme du *B. detritus* pourrait donc, en définitive, être représenté par le tableau suivant :

Grandeur de la coquille : *major, medius, minor.*
Forme de la coquille : *inflatus, normalis, elongatus.*
Couleur et constitution du test : *albidus, radiatus, corneus, melanorhinus.*
Développement de la spire : *regularis, irregularis.*
Epiderme : *lævigatus, excoriatus.*

On pourrait distinguer encore : 1° le cas où les flammes du mode *radiatus* deviennent contiguës et constituent dès lors de véritables bandes; Bouillet a signalé trois stations des environs de Clermont où il rencontrait sa variété A, « variété à bandes longitudinales brunes, d'à peu près un millimètre de largeur »; M. Locard a également signalé, sous le nom de variété *intermedia* (1), et des environs de Grenoble, une colonie de *B. detritus* dont les coquilles sont « de couleur grise ou grisâtre » et sont quelquefois ornées « de bandes longitudinales irrégulières, d'un gris plus foncé »; 2° le cas où les flammes ou les bandes sont bleuâtres (variété *Pfeifferi* de Moquin-Tandon); 3° le cas où les stries transversales sont plus accusées que d'ordinaire (variété *minor* de M. Locard) (2); 4° le cas où l'ouverture de la coquille est un peu différente de sa forme ordinaire (var. *strangulatus* de M. Locard) (3). Mais ce serait pousser l'analyse un peu loin, et comme personne n'a jusqu'à ce jour donné beaucoup d'importance à ces nuances, il n'est pas nécessaire d'insister sur le peu d'intérêt qu'il y aurait à les décrire et cataloguer minutieusement.

Je terminerai cette histoire du *Bulimus detritus* par la remarque suivante. Quelques conchyliologistes seront peut-être surpris de me voir donner une importance à peu près égale aux variations *ex forma* et aux variations *ex colore*. Je dois donc déclarer, dès à présent, que la couleur de l'épiderme et la constitution plus ou moins cornée de la coquille sont des caractères que je considère, *a priori*, comme tout aussi importants, c'est-à-dire tout aussi *dignes d'étude* que ceux relatifs à la forme de la coquille. *L'importance d'un caractère est proportionnelle à sa fixité* et ne dépend pas, comme la pratique de la conchyliologie paléontologique porte à le croire, de la façon plus ou moins complète dont il se conserve à la fossilisation. Est-il besoin de rappeler que les paléontologistes sont unanimes à reconnaître qu'ils ne pourraient distinguer, avec les os seuls, le cheval, l'âne et l'hémione? Faut-il faire remarquer que les couleurs du test se

---

(1) Etud. var. malac., 1881, t. I, p. 211.
(2) Monogr *Bul. Chondrus*, 1881, p. 9 ; — et : Etud. var. malac., 1881, p 211.
(3) Etud. var. malac., 1881, t. I, p. 212.

conservent très souvent dans la fossilisation (1)? Enfin, il ne faudrait pas, non plus, croire que l'importance taxinomique d'un caractère est proportionnelle à l'importance physiologique de l'organe qui supporte ce caractère; il suffit de rappeler les limnées de la faune profonde du Léman (*L. abyssicola*), dont les poumons ont été si notablement modifiés, physiologiquement, puisqu'elles ne respirent plus l'air en nature, et que ce poumon s'est adapté à la respiration de l'air dissous dans l'eau, sans que les autres caractères spécifiques aient été notablement modifiés.

L'idée de l'*importance taxinomique* des caractères n'est pas distincte, au fond, de celle de la *fixité* de ces mêmes caractères; un caractère est important, en classification, c'est-à-dire susceptible de bien caractériser certains groupes, lorsqu'il est invariable. S'il est variable, il devient inutilisable dans la classification, ou, en d'autres termes, il cesse d'être important. Je reviendrai d'ailleurs sur ce sujet, et je montrerai que tel caractère important, c'est-à-dire invariable et susceptible, dès lors, de caractériser des espèces distinctes, dans tel genre, est au contraire excessivement variable, c'est-à-dire sans importance, dans tel autre genre.

(1) Les néritines du Valdonnien d'eau douce de la Provence (crétacé supérieur), et en particulier celles qu'on trouve aux environs de Peynier (Bouches-du-Rhône), ont les zébrures de leur test admirablement conservées.

CHAPITRE IV

HELIX STRIATA

Nous allons enfin, dans ce chapitre, rencontrer une espèce vraiment polymorphe, l'*Helix striata* de Draparnaud (1).

Cette espèce comprend le nombreux groupes de formes dont M. Locard a donné une excellente monographie (2), et qu'il appelle le « groupe de l'*Helix Heripensis* ». J'adopte le nom de Draparnaud, parce que la qualification de *striée*, donnée à cette espèce, avait déjà été employée par Geoffroy, en 1767 (3), c'est-à-dire antérieurement à l'ouvrage de Müller (4), dont l'*Helix striata* est une espèce toute différente; et aussi parce que le nom du minuscule pays d'Hurepoix, à peu près oublié aujourd'hui, ne me semble guère propre à désigner une espèce dont l'aire de dispersion comprend presque toute la France. Les observateurs rigoureux de la loi de priorité, s'ils n'admettent pas le nom de Geoffroy, sous prétexte que cet auteur a dit *striée*, et non *striata* (j'ai entendu soutenir cette opinon), devraient d'ailleurs adopter le nom de *Diniensis* (5), ou celui de *Gigaxi* (6), ces deux noms étant bien antérieurs à celui d'*Heripensis* (7). Pour moi, je fais peu de cas de ces discussions synonymiques, et j'adopte sans hésiter le nom de Draparnaud, principalement parce que ce nom me semble très bien approprié à l'es-

---

(1) Draparnaud, 1805, Hist. nat. moll. France, p. 105, et pl. VI, fig. 18, 19, 20 et 21.
(2) Locard, 1883, Monographie des hélices du groupe de l'*Helix Heripensis*.
(3) Geoffroy, 1767, Traité sommaire des coq. env. Paris, p. 34.
(4) Müller, 1774, Verm. terr. fluv. hist., II, p. 38, n° 238.
(5) Rambur, 1868, Journ. Conch., t. XVI, p. 267.
(6) De Charpentier, in Pfeiffer, 1850, Zeitschr. f. Malac., p. 85.
(7) Mabille, 1877, Bull. Soc. zool. France, p. 304.

pèce qu'il s'agit de désigner. Au surplus, j'exposerai en détail, au chapitre xiii, les raisons pour lesquelles je m'affranchis très facilement, et sans aucun scrupule, des entraves si gênantes de la loi de priorité.

Quel est le domaine de l'*H. striata*? Il n'est pas très facile à indiquer, car deux autres espèces voisines, l'*H. caperata* (1) et l'*H. candidula* (2) ont leurs domaines empiétant sur le sien, et il y a eu souvent, chez les auteurs peu expérimentés, quelques confusions avec ces deux espèces, et peut-être aussi avec les *H. rugosiuscula* (3) et *Bollenensis* (4).

L'*H. striata* abonde dans la région moyenne de la Provence et du Languedoc, c'est-à-dire dans les collines calcaires de ces deux régions; elle manque à peu près complètement dans les vastes plaines alluviales de la région de l'olivier, c'està-dire dans la Camargue, la vallée mineure du Rhône et les basses plaines du Languedoc; elle disparait également lorsque l'altitude devient un peu grande, supérieure à 800 ou 1000 mètres, par exemple. Tout autour de ce centre de gravité, son domaine s'étend dans toute la partie moyenne des bassins du Rhône et de la Saône, tout le centre de la France, le bassin parisien, le bassin de la Loire et de la Garonne. On pourrait plus exactement définir la carte de ce domaine, en disant qu'il comprend toute la France, sauf : 1° les Alpes, lorsque l'altitude moyenne est supérieure à 800 ou 1000 mètres, et le Jura, lorsque l'altitude moyenne est supérieure à 500 ou 600 mètres; on ne trouve plus, au delà de ces limites, que l'*H. candidula*, qui, elle, peut vivre beaucoup plus haut (par exemple au mont Cenis, jusqu'à environ 2000 mètres); 2° la portion septentrionale du bassin parisien; la station la

---

(1) Montagu, 1803, Test. Brit., p. 430, p. II, fig. 11.
(2) Studer, 1818, Syst. Verz., p. 87.
(3) Michaud, 1831, Complément, p. 14.
(4) Locard, 1882, Cat. gen. moll. France, p. 96 et 322.

plus septentrionale connue est, je crois, Neuchâtel-en-Bray, où je l'ai récoltée en assez grand nombre en juillet 1878; 3° à l'ouest, le littoral océanique, sur une largeur assez indéterminée, de 20 à 40 kilomètres peut-être, où elle est remplacée par l'*H. caperata;* au Pouzou, petit hameau de la commune des Églises-d'Argenteuil (Charente-Inférieure), à 30 kilomètres environ de la Rochelle, M. le Dr Jousseaume aurait rencontré l'*H. striata* (1); d'un autre côté, à Ruelle (Charente), à 6 kilomètres à l'est d'Angoulême, c'est-à-dire à près de 100 kilomètres du littoral, les *H. striata* et *caperata* vivent associées, ainsi que je l'ai constaté par un envoi de M. le capitaine Croizier ; 4° enfin, dans les Pyrénées, l'*H. striata* manquerait aussi dans les parties hautes; cependant, elle figure (2) dans la collection Bourguignat comme vivant à Gèdres (Hautes-Pyrénées), qui est à 995 mètres d'altitude.

En dehors de la France, l'*H. striata* n'a encore été signalée d'une façon bien certaine qu'en Espagne, où le Dr Servain en a récolté quelques échantillons en 1879, dans l'Andalousie et aux environs de Valence (3). En Italie, et en Algérie, l'*Helix striata* semble remplacée par une espèce voisine, que j'appellerais volontiers l'*Helix tringa* (4), que M. Fagot appelle « cisalpinana », et M. Pollonera « groupe de la *Xerophila subprofuga* » (5), espèce bien voisine, et dont quelques variétés se confondent presque avec certaines variétés de l'*H. striata;* c'est ainsi que j'ai reçu de M. de Monterosato, sous le nom d' « *Helix (Xerolenta) Pistoriensis* Monterosato », quelques coquilles récoltées par lui-même en 1892, à Pistoie

---

(1) *H. Pouzouensis*, Fagot, 1881, Soc. zool. France, p. 137

(2) *H. nemephila*, Bourguignat in Servain. 1880, Et. moll. Esp. Port., p. 83.

(3) *H. Valcourtiana, Xenilica, derogata,* et *acemtrophala*, in : Servain, 1880, Etude sur les moll. Espagne et Portugal, p. 80 à 82.

(4) Bull. Soc. malac. France, 1884, p. 117. — Ce nom a pour moi le grand avantage de ne pas avoir une synonymie embrouillée, comme *cisalpina, profuga, subprofuga*, sur la signification desquels on peut discuter à perte de vue.

(5) 1892, *Note su alcuni gruppe di specie del genere Xerophila*, in : Bolletino dei musei di zool. ed anatomia comparata della R. Univ. di Torino.

(Toscane), et qu'il est bien difficile de distinguer de certaines *striata* de France.

M. Locard a décrit, dans sa « Monographie des hélices du groupe de l'*H. Heripensis* », vingt-sept formes différentes de l'*H. striata*, et il a donné un tableau fort commode, qui résume tous les caractères de ces vingt-sept formes, dont voici la liste :

1. *H. Tolosana*, Bourg. in Coutagne, 1881.
2. *H. Groboni*, Bourg. in Locard, 1882.
3. *H. Xenilica*, Servain, 1880.
4. *H. Lienranensis*, Bourg. in Servain, 1880.
5. *H. Pauli*, Bourg. in Locard, 1883.
6. *H. Valcourtiana*, Bourg. in. Servain, 1880.
7. *H. Veranyi*, Bourg. in Coutagne, 1881.
8. *H. solaciaca*, J. Mabille, 1877.
9. *H. loroglossicola*, J. Mabille 1877.
10. *H. Gesocribatensis*, Bourg. in Locard, 1881.
11. *H. Lugduniaca*, J. Mabille in Locard, 1881.
12. *H. philora*, Bourg. in Locard, 1883.
13. *H. Thuillieri*, J. Mabille, 1877.
14. *H. nomephila*, Bourg in Locard, 1882.
15. *H. Heripensis*, J. Mabille, 1877.
16. *H. ruida*, Bourg. in Coutagne, 1881.
17. *H. Pouzouensis*, Fagot, 1881.
18. *H. Coutagnei*, Bourg. in Locard, 1882.
19. *H. acemtrophala*, Bourg. in Servain, 1880.
20. *H. Mauriana*, Bourg. in Locard, 1882.
21. *H. Gigaxi*, de Charpentier in Pfeiffer, 1850.
22. *H. Lauragaisiana*, Locard, 1883.
23. *H. Le Mesli*, J. Mabille in Locard, 1882.
24. *H. scrupea*, Bourg. in Locard, 1882.
25. *H. scrupellina*, Fagot in Locard, 1883.
26. *H. Diniensis*, Rambur, 1868.
27. *H. Idanica*, Locard, 1881 [1].

---

[1] Les dates indiquées sont celles de la publication des premières descriptions qui aient été données pour chacune de ces formes. Je trouve abusif de relater, comme on le fait quelquefois, la date à laquelle le nom a été employé pour la première fois, manuscrit, dans une lettre, ou dans une collection.

Le tableau dans lequel M. Locard résume les descriptions de ces vingt-sept formes comprend dix-sept colonnes, dont voici les titres, avec l'indication des caractères variables, dans les termes mêmes par lesquels ils sont désignés :

1° *Ombilic* : très étroit, étroit, moyen, large, très large, *soit cinq modes*.

2° *Galbe général* : très déprimé, déprimé, subdéprimé, un peu déprimé, déprimé-convexe, subdéprimé-convexe, subdéprimé-globuleux, subglobuleux-déprimé, subconvexe, déprimé-globuleux, subdéprimé-conique, subconique-déprimé, subconique-convexe, conique-globuleux, *soit quatorze modes*.

3° *Galbe du dessus* : plan, presque plan, déprimé, un peu déprimé, faiblement convexe tectif, subconvexe-déprimé, subconique-déprimé, un peu subconvexe, subconvexe, convexe, convexe-subconique, un peu conique convexe, légèrement conique, un peu conique, subconique, bien conique; *soit seize modes*. *Galbe du dessous* : déprimé-convexe, légèrement convexe, un peu convexe, assez convexe, subconvexe, convexe, bien convexe, un peu conique; *soit huit modes*.

4° *Nature du test* : crétacé, subcrétacé ; *soit deux modes*.

5° *Nature des stries* : très fines, fines, assez fines, assez fortes; *soit quatre modes*, sous le rapport de la finesse; régulières, assez régulières, assez irrégulières, irrégulières; *soit quatre modes*, sous le rapport de la régularité.

6° *Nombre de tours* : de quatre à six.

7° *Profil des tours* : convexe déprimé, à peine convexe, peu convexe, légèrement convexe, un peu convexe, bien convexe ; *soit six modes*.

8° *Accroissement spiral* : irrégulier, peu régulier, presque régulier, assez régulier, régulier; *soit cinq modes*.

9° *Profil du dernier tour à sa naissance* : bien arrondi, arrondi, obtusément subanguleux, subanguleux, anguleux; *soit cinq modes*.

10° *Galbe du dernier tour ; au-dessus* : convexe, subconvexe, légèrement convexe, un peu convexe, assez convexe, convexe déprimé, déprimé; *soit sept modes ; au-dessous* : très convexe, bien convexe, convexe, légèrement convexe ; *soit quatre modes*.

11° *Profil du dernier tour à son extrémité* : arrondi, elliptique, subanguleux, un peu déprimé ; *soit quatre modes*.

12° *Insertion du bord supérieur de l'ouverture* : rectiligne, presque rectiligne, à peine tombante, légèrement tombante, assez tombante, bien tombante, très tombante; *soit sept modes*.

13° *Allure de l'ombilic* : légèrement évasé, un peu évasé, assez évasé, évasé, bien évasé, très évasé ; *soit six modes*.

14° *Longueur de l'avant-dernier tour visible dans l'ombilic* : un quart, un tiers, un demi, deux tiers, trois quarts, et un ; *soit six modes*.

15° *Forme de l'ouverture* : ronde, arrondie, subarrondie, suboblongue, oblongue ; *soit cinq modes*.

16° *Diamètre maximum* : de 6 à 15 millimètres.

17° *Hauteur totale* : de 3 à 8 millimètres.

Ces *dix-sept* séries de modes formeraient au total un fort joli nombre de combinaisons. Mais hâtons-nous de remarquer qu'il faut faire subir à cette liste de très nombreuses réductions ; d'une part il est parfaitement inutile de pousser l'analyse jusqu'à distinguer, par exemple, *quatorze modes* dans le « galbe général » de la coquille ; d'autre part plusieurs des dix-sept colonnes de M. Locard correspondent à des caractères très dépendants les uns des autres.

Voici comment j'exposerai, à mon tour, le polymorphisme de l'*Helix striata*.

1° Profil général de la coquille.

$a_1 = globosus$: coquille subglobuleuse (rapport de la hauteur au diamètre égal ou supérieur à 0,7).

$a_2 = normalis$: coquille déprimée (rapport de la hauteur au diamètre compris entre 0,7 et 0,5).

$a_3 = depressus$: Coquille très déprimée (rapport de la hauteur au diamètre égal ou inférieur à 0,5).

2° Largeur de l'ombilic.

$b_1 = microporus$: ombilic très étroit ou étroit.

$b_2 = mesoporus$: ombilic moyen.

$b_3 = megaporus$: ombilic large ou très large.

3° Allure de l'ombilic.

$c_1 = regularis$: le contour apparent interne de la spire forme une spirale régulière, et on voit par l'ombilic une portion notable de la spire, au moins tout l'avant-dernier tour.

$c_2 = elegans$: ombilic *virguliforme*, l'extrémité du contour apparent interne de la spire s'écarte brusquement du centre, dans la dernière moitié du dernier tour.

$c_3 = abruptus$: ombilic en forme de puits; on ne voit pas du tout l'avant-dernier tour.

4° *Forme du dernier tour.*

$d_1 = angulatus$: dernier tour anguleux ou subanguleux depuis sa naissance jusque près de l'ouverture, soit sur plus des neuf dixièmes de sa circonférence.

$d_2 = subangulatus$: dernier tour subanguleux à sa naissance, mais sur une portion restreinte, moins des neuf dixièmes de sa circonférence.

$d_3 = rotundus$: dernier tour bien arrondi, dès sa naissance.

5° *Insertion du bord supérieur de l'ouverture.*

$e_1 = rectus$: bord supérieur non descendant.
$e_2 = subdeflexus$: bord supérieur légèrement descendant.
$e_3 = deflexus$: bord supérieur fortement descendant.

6° *Nombre des tours de spire.*

$f_1 = paucispiralis$: de 4 à 5 tours.
$f_2 = multispiralis$: de 5 à 6 tours.

7° *Grandeur de la coquille.*

$g_1 = major$: plus de 12 millimètres de diamètre maximum.
$g_2 = medius$: diamètre maximum compris entre 8 et 12 millimètres.
$g_3 = minor$: moins de 8 millimètres de diamètre maximum.

Je suis assurément bien modéré dans mon analyse, puisque je me borne à distinguer *vingt modes*, alors que M. Locard en a noté dans son tableau plus de *cent neuf*, que nous avons énumérés tout à l'heure. Eh bien, ces *vingt modes* font un total de 1458 *(quatorze cent cinquante huit)* combinaisons; nous voici bien loin du nombre *vingt-sept!*

On me demandera peut-être d'indiquer, au moyen de mes notations, la formule des vingt-sept formes énumérées précédemment. Voici quelques-unes de ces formules :

Tolosana $\quad = \quad a_1 \ b_1 \ c_3 \ d_2 \ e_2 \ f_1 \ g_1.$

Heripensis $\quad = \quad a_2 \ b_2 \ c_1 \ d_3 \ e_2 \ f_2 \ g_2.$

Diniensis $\quad = \quad a_3 \ b_3 \ c_2 \ d_3 \ e_3 \ f_2 \ g_2.$

nomephila $\quad = \quad a_2 \ b_2 \ c_1 \ d_3 \ e_3 \ f_2 \ g_2.$

Idanica $\quad = \quad a_3 \ b_3 \ c_1 \ d_3 \ e_1 \ f_2 \ g_2.$

Et ainsi de suite pour les autres. Il faut remarquer toutefois, que les descriptions des vingt-sept formes comprennent un grand nombre de nuances qu'on ne pourrait exprimer en toute rigueur par des formules qu'à la condition de multiplier beaucoup le nombre des modes considérés. Il faudrait distinguer *une cinquantaine* de modes, au lieu de *vingt*. Mais alors on arriverait à un nombre extravagant de variétés exprimables : en supposant *douze* caractères, chacun à *quatre* modes différents, on arriverait au nombre respectable de 16 777 216 variétés ! Et que serait-ce si on voulait cataloguer ou simplement compter les variétés correspondant aux *cent neuf* modes, disons plutôt aux *cent neuf nuances*, que distingue M. Locard dans ses diagnoses !

Il faut donc savoir gré à M. Locard de s'être borné à *vingt-sept*, et de ne pas nous avoir donné un pendant malacologique aux *trois mille* « espèces » de *Hieracium* de l'ouvrage de Naegeli et Peter (1). Mais pourquoi 27, et pas 28, 26, 12 ou 144 ? Il est bien évident que pour être logique il faut donner *un seul nom*, ou bien autant que de formes discernables : 1458 si on est modéré, ou bien 16 777 216, comme je l'ai indiqué ci-dessus, si on l'est moins, sans toutefois atteindre au degré de minutie des descriptions de M. Locard.

---

(1) *Die Hieracien mitteleuropas*, 1885. — On sait que ces auteurs ne se sont occupés que du seul sous-genre *Pilosella* dans cet ouvrage, et qu'ils ont décrit plus de trois mille « espèces » de *Piloselles*. En procédant de même pour les autres sous-genres de *Hieracium*, on arriverait à environ douze mille « espèces » (Voir : Commentaire sur le genre *Hieracium*, par M. Arvet-Touvet, *in* : Assoc. franc. avancement des sciences, congrès de Grenoble 1885, p. 426.

Car, il est bon d'insister sur ce point, l'*H. striata* présente tous les divers modes que nous avons énumérés en *variation diffuse*, et quand on examine un grand nombre de sujets d'un grand nombre de stations de cette espèce, on voit réellement défiler devant ses yeux le nombre presque indéfini de variations que nous venons de signaler. Il faut bien dire, toutefois, que parfois il y a localisation des caractères, et que dans ce cas la grande majorité des sujets d'une colonie présentent une physionomie spéciale; tel caractère semblera presque invariable ici, qui variera au contraire beaucoup là-bas; toute une colonie, ou à peu près, pourra être *Idanica*, ou *Heripensis*, ou *Lugduniaca*. Mais ce ne sont là que des exceptions, et on ne voit nulle part, du moins à ma connaissance, dans le domaine de l'*H. striata*, de formes assez localisées, pour que des noms spéciaux soient justifiés.

On peut néanmoins observer quelques faits généraux, dans la distribution géographique des variations de l'*H. striata*; mais l'adoption des vingt-sept noms spécifiques qui ont été proposés, ou l'adoption de tout autre nombre de noms analogues, ne ferait que gêner l'observation, et l'énonciation de ces faits généraux. La considération des *modes*, ou façons d'être des caractères, est au contraire des plus favorables à cette étude :

1° Dans les régions siliceuses, où d'ailleurs les colonies d'*H. striata* sont toujours rares, et très peu populeuses, les coquilles sont minces; dans les régions calcaires, toutes choses égales d'ailleurs (c'est-à-dire à égalité de latitude, altitude, etc.), les coquilles sont épaisses. Ces deux modes pourraient être désignés par les termes *tenuis* et *solidus*, ou mieux encore par ceux de *silicola* et *calcicola*, qui expriment la cause, et non pas seulement le fait.

2° Dans la portion septentrionale du domaine de l'espèce (bassin parisien), les coquilles sont grosses, et le test est mince. À mesure qu'on se rapproche de la région de l'olivier, et du climat provençal, chaud et sec en été, les coquilles deviennent petites, et à test épais; en même temps le bourrelet intérieur du péristome grossit, se colore plus fréquemment en rose; enfin, la coquille est plus souvent ornée de bandes très foncées, parfois même confluentes. Les termes *septentrionalis* et *meridionalis* exprimeraient assez bien ces deux extrêmes, si différents à première vue.

3° Enfin, « lorsque l'influence du milieu a pour effet de réduire d'une façon notable la durée de la période de développement, que ce soit sécheresse, chaleur, ou froid, la spire a un demi-tour, un tour, parfois même deux ou trois tours de moins qu'à l'ordinaire; quelques caractères de l'adulte, tels que certaines particularités de structure du péristome, déviation de la spire, etc., apparaissent *prématurément*, pour ainsi dire, et l'aspect de la coquille se trouve très notablement modifié ». (1) J'ai proposé, en 1882, d'appeler variété *præmatura* cette manière d'être, et de « réserver l'épithète *producta* pour la variation inverse, qui s'observe plus rarement chez quelques individus doués d'une vitalité plus grande, ou placés dans des conditions de développement très favorables, et qui dépassent en quelque sorte le terme ordinaire de leur croissance. » Je crois, plus que jamais, à l'utilité de ces deux épithètes, pour exprimer les deux ensembles de caractères que je viens de définir; mais il convient, bien entendu, de les appeler des *modes*, quoiqu'ils soient d'un ordre plus élevé, pour ainsi dire, que les modes *globosus*, *depressus*, *rectus*, etc., qui expriment de simples particularités de structure et non pas, comme les termes *præmaturus* et *productus*, une idée de causalité : arrêt de croissance, et excès de croissance. Chez l'*H. striata*, en particulier, le petit

---

(1) De la variabilité de l'espèce chez les mollusques terrestres et d'eau douce, in : Assoc. franc. avanc sciences,1882, Congrès de la Rochelle, p. 540.

nombre de tours de spire *(paucispiralis)*, le dernier tour subcaréné à sa naissance *(subangulatus* et surtout *angulatus)*, et l'insertion non descendante du bord supérieur de l'ouverture *(rectus)*, sont le plus souvent (1) les différents éléments du mode *præmaturus;* inversement, le grand nombre de tours de spire *(multispiralis)*, le dernier tour bien arrondi *(rotundus)*, et le bord supérieur de l'ouverture bien descendant *(deflexus)*, sont aussi les éléments du mode *productus*. Tous les échantillons de ma collection, qui m'ont été nommés *Tolosana* par Bourguignat, sont incontestablement pour moi des sujets *præmaturus*, anormaux et exceptionnels. Je les ai obtenus en cherchant, au milieu de gros lots de coquilles, les échantillons, en très petit nombre, un pour cent, ou peut-être même moins encore, qui présentaient un très petit ombilic *(microporus)*, le dernier tour bien anguleux à sa naissance *(angulatus)*, un petit nombre de tours de spire *(paucispiralis)*, et le bord supérieur de l'ouverture non descendant *(rectus)*. Mais je ne saurais affirmer qu'il n'y ait pas quelque part, à Toulouse ou ailleurs, des colonies d'*H. striata*, dont la majorité des sujets seraient, *normalement*, *Tolosana*.

Que le lecteur ne s'effraye pas du grand nombre d'épithètes latines, de noms nouveaux, dira-t-il peut-être, que je propose pour une seule espèce; car je ne propose tous ces différents noms de modes, qu'à la condition bien expresse qu'ils serviront tous pour un grand nombre d'espèces voisines. Tandis que, par exemple, les modes *globosus* et *depressus* de chacune des hélices plus ou moins globuleuses de la faune européenne, ont reçu à peu près tous des noms spéciaux, soit d'espèce, soit de variété, l'emploi de ces épithètes expres-

---

(1) Je dis *le plus souvent*, car il arrive aussi que ces caractères sont les caractères normaux de certaines colonies. C'est ainsi que le *nanisme* est chez l'homme, soit le résultat d'un arrêt de croissance chez une race de grande taille, soit le caractère normal de certaines races.

sives, et non pas seulement conventionnelles, permettra de supprimer tous ces noms d'espèce ou de variété, noms bien inutiles et surtout aussi peu logiques que les vingt-sept noms d'hélices, différentes variétés de l'*Helix striata*, dont je viens de faire le procès.

Est-il besoin de faire remarquer que dans ce procès, je ne me suis pas plus épargné moi-même, que mon excellent collègue et ami M. Locard, et les autres malacologistes qui ont créé ces vingt-sept noms? Dans mes premiers travaux, en effet, j'ai suivi systématiquement la méthode de Bourguignat, parce que c'était à vrai dire le meilleur moyen d'analyser minutieusement et consciencieusement le polymorphisme que j'étudiais. « La délimitation précise des groupes spécifiques dans un genre ne peut être que le couronnement, pour ainsi dire, et le résumé de toute l'histoire naturelle de ce genre... Vouloir dès le début, et nous ne sommes encore qu'au début de ces études, avouons-le, pour presque tous les genres, vouloir dès le début, dis-je, établir des coupes spécifiques et des variétés, c'est agir à contresens ; il est plus sage assurément de rester en dehors de tout système, et de nommer simplement au moyen d'un seul qualificatif joint au nom de genre toutes les formes suffisamment distinctes qu'on a l'occasion de rencontrer (1). » C'est ainsi que j'ai été amené, logiquement, à décrire, moi aussi, quelques-unes de ces prétendues « espèces nouvelles », dont la science est encombrée à l'heure actuelle. Mais l'analyse la plus minutieuse n'a de raison d'être qu'en vue de préparer des matériaux pour la synthèse la plus large ; et dans ce travail de synthèse, que j'entreprends aujourd'hui, *si tous les faits recueillis par Bourguignat et ses amis doivent trouver leur place, la plupart des noms nouveaux qui ont été créés pour exprimer ces faits, me*

---

(1) Revision sommaire du genre Moitessieria, in ; Feuille des jeunes naturalistes, 1884, p. 109.

semblent devoir être abandonnés. C'est du moins ce que je crois avoir démontré, dans ce chapitre, pour un premier groupe de vingt-sept de ces noms.

Avant de quitter l'*H. striata*, j'indiquerai sommairement la provenance et l'importance des matériaux qui m'ont servi pour l'étude de cette espèce. Actuellement (novembre 1894), j'ai dans ma collection 65 tubes d'*H. striata*, renfermant 992 coquilles; ces hélices ont été récoltées toutes par moi-même, dans un très grand nombre de stations de la Provence, du Languedoc, du Bas-Dauphiné, et du Vivarais, et en dehors de ces régions, aux environs de Lyon, Paris, Neuchâtel-en-Bray (Seine-Inférieure), Saint-Germain-des-Fossés (Allier), Saint-Martin d'Estreaux (Loire), et le Puy-en-Velay (Haute-Loire). En outre, j'ai aussi 25 tubes, renfermant 162 coquilles d'*H. striata* reçues de divers correspondants, et provenant de diverses régions de la France. Enfin, j'ajouterai qu'une cinquantaine d'échantillons, sur ces 1154 coquilles, ont été examinés, et déterminés par MM. Locard, Fagot, ou par Bourguignat, c'est-à-dire qu'ils ont reçu de ces auteurs la plupart des vingt-sept noms, dont j'ai donné la liste au début de ce chapitre. Si donc j'ai parlé de l'*Helix striata*, on conviendra, sans doute, que c'est avec quelque connaissance de cause.

En résumé, l'*Helix striata* est un bon exemple d'espèce très polymorphe, et à polymorphisme diffus. Elle présente un très grand nombre de variations, sans qu'on puisse signaler de localisation bien nette pour aucune de ces variations. En outre, les espèces les plus voisines, *Helix caperata*, *candidula* et *Bollenensis*, sont assez distinctes pour qu'il soit relativement facile, à qui a bien étudié ces trois espèces, de ne pas les confondre avec les si nombreuses variétés de l'*Helix striata*.

CHAPITRE V

HELIX ACUTA ET HELIX VENTRICOSA

(Inversion des caractères différentiels)

Lorsque deux espèces sont voisines morphologiquement, l'amplitude de variation de leurs caractères peut être telle qu'il y ait en quelque sorte inversion complète entre ces caractères. Supposons, par exemple, deux espèces A et B, différant, *entre autres choses*, par la grosseur relative de la coquille : A est toujours plus grosse que B. Considérons une station S_1 où le mode *major* domine chez les deux espèces ; les sujets a_1 de l'espèce A, et les sujets b_1 de l'espèce B, sont tous fort gros, tous les a_1 étant toutefois notablement plus gros que les b_1. Considérons maintenant une autre station S_2, où c'est au contraire le mode *minor* qui domine ; tous les sujets a_2 et b_2 sont fort petits, tous les b_2 étant toutefois notablement plus petits que les a_2. Mais il arrivera que certains individus b_1 seront plus gros que certains a_2 : dans une colonie, certains représentants de l'espèce A seront donc plus petits que dans une autre colonie, certains représentants de l'espèce B.

Ce que nous venons de dire de la grosseur relative des coquilles peut se dire de tous les autres caractères différentiels, qui séparent les espèces voisines *morphologiquement*, espèces qui sont parfois très distinctes *physiologiquement* (à tempéraments différents), ou *généalogiquement* (aucun intermédiaire morphologique dans les colonies communes)(1), ou

---

(1) J'emploie ici le mot *généalogique* dans le sens de : « relatif aux phénomènes de la filiation », c'est-à-dire que j'élargis un peu, sans le modifier d'ailleurs, le sens dans lequel on emploie généralement ce mot. A. de Quatrefage exprimait cette même idée au moyen du mot « *physiologique* », que je crois préférable de réserver pour désigner ce qui est « relatif au mode de réaction de l'organisme vis-à-vis des influences de milieu », sens qui est plus conforme à l'acception ordinaire de ce mot, et qui exige d'ailleurs une expression distincte.

géographiquement (domaines respectifs n'empiétant pas l'un sur l'autre). En effet, toute variation de forme, d'ornementation, de coloration, peut se ramener, en définitive, à la variation d'un élément géométrique, ou d'un rapport de deux grandeurs, et l'exposé précédent, dans lequel nous avons considéré seulement la grosseur relative de deux coquilles, peut se répéter presque sans modification, en considérant la variation de grandeur de cet élément, ou de ce rapport.

Un excellent exemple de l'inversion des caractères nous est fourni par les *Helix acuta* et *ventricosa*. Ces deux espèces diffèrent, en somme, en ce que la coquille de la première est bien plus effilée que celle de la seconde. En d'autres termes, le rapport de la longueur au diamètre est plus grand chez l'*acuta* que chez la *ventricosa*. Ces deux noms sont même très heureux, en ce qu'ils expriment clairement cette différence ; la coquille de l'*acuta* est *aiguë*, celle de la *ventricosa* est *ventrue*. Mais chez l'une et chez l'autre espèce, ce rapport de la longueur au diamètre varie dans des limites assez étendues, et on peut distinguer pour chacune d'elles les modes *elongatus* et *obesus*. Or il arrive que des individus appartenant au mode *obesus* de l'*H. acuta* sont aussi ventrus, aussi obèses, que des individus appartenant au mode *elongatus* de l'*H. ventricosa*.

Mais la question mérite d'être précisée. Tout d'abord, il faut établir que l'*H. acuta* et l'*H. ventricosa* doivent être séparées spécifiquement. Le fait ne faisait aucun doute pour moi, déjà depuis longtemps, lorsque j'en ai obtenu, le 22 novembre 1892, la preuve péremptoire. Cette conviction résultait de ce que partout où j'avais récolté l'une ou l'autre de ces deux espèces, à la condition de considérer un certain nombre d'individus, douze ou quinze environ, je n'avais jamais éprouvé la moindre hésitation pour les distinguer. En d'autres termes, les *H. acuta* et *ventricosa* ne cohabitent généralement pas dans les mêmes stations; et si on peut hésiter en présence d'une coquille un peu écourtée (mode *obesus*) d'*acuta*, ou d'une coquille un peu allongée (mode *elongatus*) de *ventricosa*, en examinant un certain nombre de sujets de chaque station, on voit très nettement, et sans qu'aucune indécision soit possible, que telle station est en définitive occupée par l'*H. acuta*, telle autre par l'*H. ventricosa*.

Mais la preuve péremptoire que j'ai obtenue enfin, le 22 novembre 1892, m'a été fournie précisément par une station où les deux espèces cohabitent : c'est une prairie de la banlieue d'Avignon, à un kilomètre environ (sur le bord gauche de la route d'Avignon au Moulin-Notre-Dame, au sud de la ville, prairie où j'étais allé, conduit par M. le major Caziot, recueillir l'*Helix talepora* Bourguignat. Dans cette prairie, les *H. acuta* et *ventricosa* abondent, et il n'y a *aucun intermédiaire* entre les deux formes : sur plusieurs centaines d'individus récoltés, ou examinés, pas une seule indécision n'était possible. Il est évident qu'il y a une barrière généalogique entre ces deux hélices, impossibilité de l'accouplement croisé, ou répulsion instinctive, ou infécondité du croisement, peu importe, en tout cas *barrière généalogique*, d'où nécessité absolue de donner des noms distincts à ces deux groupes réellement distincts en fait, nécessité en un mot de les séparer spécifiquement.

Les *Helix acuta* et *ventricosa* font partie d'un groupe d'espèces *annuelles* qui habitent principalement les plaines humides, les prairies basses et les dunes littorales de tout le pourtour de la Méditerranée. Ce sont les *H. rhodostoma, variabilis, acuta, ventricosa, conoidea, trochoides, contermina, pyramidata, terrestris, explanata*, etc. De ces espèces, quelques-unes s'écartent fort peu du littoral; telles sont les *H. explanata* et *conoidea;* d'autres, au contraire, s'en éloignent considérablement, telles que les *H. rhodostoma* et *variabilis*, à tel point qu'on pourrait facilement méconnaître leur origine en quelque sorte méditerranéenne, si on négligeait de remarquer combien leurs colonies sont plus nombreuses et plus populeuses à mesure qu'on se rapproche des rivages de la Méditerranée. Les *Helix acuta* et *ventricosa* sont, sous ce rapport, à peu près intermédiaires ; mais l'*H. ventricosa* semble pouvoir, moins facilement que l'*H. acuta*, se soustraire à l'influence maritime, et fonder des colonies prospères loin du littoral.

Voici la liste des stations où j'ai récolté ces deux espèces.

D'abord l'*Helix acuta* :

Fortifications d'Antibes (Alpes-Maritimes), à l'intérieur de la ville ; — alluvions du Gapeau, à Hyères (Var) ; — alluvions de la Reppe, à Ollioules (Var) ; — les dunes en arrière de la plage des Lèques, sur l'emplacement de l'ancienne ville grecque de Tauroentum, près de Saint-Cyr (Var) ; — la calanque de Sormiou, entre Cassis et le cap Croisette (Bouches-du-Rhône) ; — l'île de Pomègues, dans la rade de Marseille — entre Marseille et Carri-le-Rouet (Bouches-du-Rhône), à Saint-Henri, l'Estaque, et un peu en arrière de la côte, à Ensué ; — dans tout le pourtour de l'étang de Berre, à Rognac, Saint-Chamas et Istres ; — à Fos (Bouches-du-Rhône) ; — à Entressen (Bouches-du-Rhône) ; — aux environs d'Avignon (Vaucluse) ; — aux alentours de la fontaine d'Eure, à Uzès (Gard) ; — dans les pelouses sableuses, près du littoral, en dessous du fort des Mattes, dans la presqu'île de Leucate (Aude) ; — aux environs d'Angoulême (Charente) ; — aux environs de la Rochelle, entre Esnandes et la Rochelle (Charente-Inférieure).

Et, d'autre part, l'*Helix ventricosa* :

Fortifications d'Antibes (Alpes-Maritimes), en dehors de la ville, au sud-est, au bord du rivage ; — entre Golfe Juan et Antibes ; — île Saint-Honorat, près Cannes (Alpes-Maritimes) ;

— alluvions du Gapeau, à Hyères (Var); — alluvions de la Reppe, à Ollioules (Var); — alluvions du Lar, à Rousset (Bouches-du-Rhône); — le Rouet, sur le bord de l'étang qui est enfermé entre la route de Carri-le-Rouet (Bouches-du-Rhône), et le cordon littoral; — alluvions de la Touloubre, à Saint-Chamas (Bouches-du-Rhône); — alluvions du ruisseau de Rocsalières, près d'Apt (Vaucluse); — alluvions de l'Alzon, au pont des Carettes, à 2 kilomètres environ au sud d'Uzès (Gard); — alluvions du Gardon, au moulin de la Baume, à 10 kilomètres en amont du Pont-du-Gard.

Les *H. acuta* d'Avignon, d'Angoulême et de la Rochelle sont remarquablement effilées; les *H. ventricosa* des alluvions de la Reppe, à Ollioules, sont remarquablement obèses. Mais, par contre, les *H. acuta* des alluvions de la Reppe sont obèses, relativement (mode *obesus* de l'*acuta*), et les *H. ventricosa* des dunes du cordon littoral, à Hyères, sont effilées, relativement (mode *elongatus* de la *ventricosa*). Parmi ces *acuta* des alluvions de la Reppe et ces *ventricosa* d'Hyères, il est possible, sinon facile, de trouver des coquilles absolument pareilles, *indéterminables* en un mot, si on fait abstraction, pour chacune d'elles, des autres individus qui leur étaient associés, dans l'une ou l'autre station.

Nous pouvons donc noter en passant cette conséquence importante du fait, très fréquent en somme, de l'inversion des caractères différentiels : *la détermination des échantillons d'espèces voisines morphologiquement est fort sujette à erreur,* lorsqu'on n'a pas soin d'envisager les caractères moyens de l'ensemble de chaque colonie, plutôt que les caractères individuels de tel ou tel sujet, peut-être anormal, qu'on a recueilli et étudié isolément.

Il ne faudrait pas prendre le mot *inversion* à la lettre. Il y aurait, en toute rigueur, inversion, si par exemple, on rencontrait une coquille d'*H. acuta* présentant à un tel point le mode *obesus*, qu'elle serait *plus* ventrue, qu'une coquille d'*H. ventricosa* présentant à un haut degré le mode *elongatus*. Bien que de telles inversions se rencontrent parfois (nous aurons même à en citer un exemple remarquable au chapitre suivant), en général, l'inversion n'est pas aussi prononcée ; la différence morphologique est annihilée, mais non intervertie, et il y a simplement *confusion* : les caractères nettement distinctifs de deux espèces voisines en arrivent parfois à ne plus différer, si on compare certains individus de l'une des espèces avec certains individus de l'autre espèce, *provenant d'une autre région.*

Les *Helix nemoralis* et *hortensis* présentent d'une façon fort nette l'inversion de presque tous leurs caractères différentiels; mais chez ces deux espèces, ce phénomène est compliqué d'autres particularités intéressantes, et dès lors, il est moins facile à étudier, plus compliqué, en somme, que chez les *H. acuta* et *ventricosa ;* nous examinerons en détail, et d'une façon spéciale, dans le chapitre suivant, les rapports qu'ont entre elles ces deux espèces.

Je terminerai ce chapitre par un dernier exemple. Les *Helix trochoides* et *pyramidata* sont des espèces certes assez distinctes, en France tout au moins. La *trochoides* est toujours bien plus petite, et, en outre, elle porte un bourrelet caréné tout à fait caractéristique. Quoique j'eusse déjà récolté l'une et l'autre de ces deux espèces en plus de vingt endroits différents, je ne supposais pas qu'il pût jamais y avoir la moindre confusion entre elles, lorsque, le 27 octobre 1881, je rencontrai, dans l'île de Pomègues, une colonie fort curieuse de *trochoides :* les coquilles sont en majorité énormes, relativement (mode *major*), et le bourrelet caréné est sur la plupart d'entre elles très peu marqué ; sur un petit nombre il est même complètement effacé. — D'autre part, j'ai reçu, en juillet 1893, de M. de Monterosato, différentes variétés de *pyramidata*, présentant toutes le mode *minor*, sous les noms de:

H. (Xeroclivia) Licodiensis, Cafici ; — de Vipriani, Sicile ;

H. (Xeroclivia) nuperrina, Morterosato ; — de Castelbuono, Sicile ;

H. (Xeroclivia) trochoidella, Monterosato ; — de Siacca, Sicile.

Or, j'ai pu trouver, facilement, sur les douze *pyramidata* provenant de Castelbuono, une coquille *absolument identique* à l'une de mes *trochoides* de Pomègues. Il n'y a aucune différence dans la taille, le profil général de la coquille, la grandeur de l'ombilic, la forme de l'ouverture ; tout au plus pourrait-on noter que la *pyramidata* de Sicile est peut-être un peu plus fortement *striée* que la *trochoides* de Pomègues. Cette dernière particularité est d'autant plus singulière que, en Provence du moins, la *pyramidata* est toujours moins striée que la *trochoides*. Mais en Sicile, si j'en juge par les très nombreuses séries de *pyramidata* et de *trochoides* que je dois à l'obligeance de M. de Monterosato, c'est en général l'inverse. C'est-à-dire que la *trochoides* n'est guère plus variable en Sicile qu'en Provence ; au contraire, la *pyramidata*, très peu variable en France, est en Sicile, et je pourrais dire aussi en Tunisie, un véritable protée : les stries de la coquille sont tantôt énormes, tantôt effacées, l'ombilic est tantôt large, tantôt étroit, etc., etc.

Il est probable que plus j'élargirai le champ des mes études, sur les régions voisines de la France, plus j'aurai à constater de nombreux cas d'inversion des caractères différentiels. Il est bien évident, en effet, que pour juger de toute l'amplitude de variation d'un caractère, il faut envisager celui-ci dans toute l'étendue du domaine de l'espèce à laquelle il appartient. Toutefois, même en me bornant à la France, j'aurai encore à signaler plusieurs autres exemples d'inversion, dans la suite de ce travail.

CHAPITRE VI

HELIX NEMORALIS ET HELIX HORTENSIS

Dans ce chapitre nous allons examiner deux espèces modérément polymorphes, mais si voisines, que bien des auteurs les ont considérées comme de simples variétés l'une de l'autre.

L'étude minutieuse de ces deux espèces est des plus intéressantes, puisque la discussion du problème qu'elles présentent nous conduira précisément à la recherche du véritable critérium de l'espèce ; le lecteur ne s'étonnera donc pas si nous entrons dans l'analyse des plus petits détails, au risque de paraître puéril.

L'*Helix nemoralis* a été décrite par Linné, en 1758 (1), en ces termes : « *Helix testa imperforata, subrotunda, lævi, diaphana, fasciata, apertura subrotunda, lunata* », et il renvoyait à cinq figures de différents auteurs. L'examen de cette courte diagnose, et des cinq figures, montre que Linné, de même que ses prédécesseurs, n'avait pas séparé spécifiquement les *Helix nemoralis* et *hortensis*, qui toutes deux sont assez abondantes dans le nord de l'Europe.

---

(1) *Systema naturæ*, édit. 10, t. 1, p. 773.

Müller, le premier, en 1774, sut distinguer l'*H. hortensis*, considérée jusqu'à lui comme simple variété *minor* de la *nemoralis*.

Voici ce qu'il dit de l'*H. hortensis*.

« Quoique cette espèce *(hortensis)* soit communément associée avec la précédente *(nemoralis)*, néanmoins les auteurs ne l'ont pas étudiée avec une attention suffisante. A la vérité, la variété α *(albida tota)* a été mentionnée autrefois par l'illustrissime Linné dans le *Museum Lundensis universitatis*, et la variété β *(flava tota)* par Lister et le célèbre Martini dans le *Berliner Magazin*, tome II, p. 540. Mais ils n'ont rien dit des autres variétés (Müller en décrit dix autres, soit douze variétés au total), et ils ont considéré l'*H. hortensis* comme une simple variété de l'*H. nemoralis*. Je suis d'un avis différent. Je ferai remarquer d'abord, que c'est apparemment par un *lapsus memoriæ* que Linné appelle *major* l'*Helix grisea labro albo*, et *minor* l'*Helix flava labro fusco*. J'ai constaté plus de cent fois que les coquilles à péristome blanc étaient toujours les plus petites, et celles à péristome noir les plus grandes. Quant aux motifs qui déterminent à séparer spécifiquement l'*Helix hortensis* de l'*H. nemoralis*, ce sont les suivants : d'abord la différence de taille, l'*H. hortensis* étant toujours plus petite, quand on compare les adultes entre eux ; en second lieu, l'*H. hortensis* a le test plus brillant; et enfin le péristome est toujours brun chez l'*H. nemoralis*, et blanc chez l'*H. hortensis*. Et il faut ajouter encore à tout cela, que jamais, malgré plusieurs années de recherches, je n'ai pu constater l'accouplement d'aucune variété de l'*H. nemoralis* avec aucune variété de l'*H. hortensis*. (*Helicem hortensem speciem a nemorali diversam suadent parvitas* [*illa enim adulta aetate hac semper minor*], *nitor testæ splendidus, ac labium in majori, sive H. nem. constanter fuscum, in minori, sive H. hortensi album. His accedit, quod varietates nemoralis cum variet. hortensis nunquam copula jungi visæ sint, etiamsi in eas hoc respectu plures annos inquisiverim)* (1). »

Müller a donc été très précis, et il a parfaitement observé, et très exactement noté un fait qu'ont méconnu cependant la plupart des auteurs qui, après lui, ont réuni à nouveau les deux espèces : dans certaines régions, telles que le Danemark (le pays de Müller), il existe deux groupes d'hélices, que nous appellerons, l'un *Helix nemoralis*, l'autre *Helix hortensis*, entre lesquels on n'observe pas d'intermédiaires; dans le premier groupe, la coquille est plus grande, le test moins brillant, le péristome brun ou noir ; dans le second, la coquille est plus petite, plus brillante, et le péristome est blanc.

Je vais maintenant exposer à mon tour les faits que j'ai pu constater moi-même; faits qui confirmeront, et complèteront, l'observation de Müller.

Voici d'abord le tableau des stations où j'ai récolté, *moi-même*, les deux hélices en question.

N		Cotentin. — Env. de Cherbourg.
N	H	Normandie. — Env. de Honfleur (Calvados). — A.
N		Pays de Caux. — Env. de Dieppe.
N		Pays de Bray. — Neuchâtel-en-Bray
N	H	Ile de France. — Orsay (Seine-et-Oise). — E
N	H	Bresse septentrionale. — Vonges (Côte-d'Or). — B.
N	H	— — Lamarche-sur-Saône (Côte-d'Or). — C.
	H	— — Pontailler-sur-Saône (Côte-d'Or). — D.
	H	— — Mirebeau (Côte-d'Or).
	H	— — Env. de Goux (Jura).
N		Jura. — Bords du lac de St-Point (Doubs).
	H	— Mont-d'Or en Jura (Doubs).
	H	Morvan. — Autun (Saône-et-Loire).
	H	Chaine du Forez. — Entre Arfeuilles et Chatelus (Allier).

(1) *Vermium terrestrium et fluviatilum historia*, 1774, t. II, p.53 et 54.

H	H	Plaine du Bourbonnais. — St-Germain-des-Fossés (Allier).
N	H	Roannais. — de Vernay à St-Maurice (Loire).
N		Mont-d'Or lyonnais. — Entre Vilvert et Curis (Rhône).
N		Cotière de la Dombe. — Fontaine-sur-Saône (Rhône).
N		Bords du Rhône, près Lyon. — Rive gauche, en amont de Lyon
N	H	— — Ile Jaricot, en aval de Lyon.
N		Les Bauges en Savoie. — Env. de la Thuile (Savoie).
N		Massif du Lépine, en Savoie. — La Bridoire (Savoie).
N		La Maurienne, en Savoie. — St-Jean-de-Maurienne (Savoie).
N	H	Massif de la Grande-Chartreuse. — Env. de la Gr.-Chartreuse (Isère)
N		Velay. — Env. du Puy (Haute-Loire).
N		— — Env. de Langeac (Haute-Loire).
N		Vivarais. — La Voulte (Ardèche).
N		— — Env. de Privas (Ardèche).
N		Bassin du haut Buech, en Dauphiné. — Forêt de Durbon (H^{tes}-Alpes).
N		Diois. — Forêt de Saou (Drome).
N		Valentinois. — Env. de Montélimar (Drome).
N		Bords du Rhône en Languedoc. — St-Etienne-des-Sorts (Gard).
N		Languedoc. — Anduze (Gard).
	H	— — Entre Mialet et Anduze (Gard).
N		— — Env. de Nîmes (Gard).
N		Alpes-Maritimes. — St-Agnès (Alpes-Maritimes).
N		Provence. — Bollène (Vaucluse).
N		— — Vallon de Rocsalières, près Apt (Vaucluse).
N		— — Vallon de Vaucluse.
N		— — Gorge de l'Aiguebrun, dans le Luberon
N		— — Les Alpines, près des Baux (Bouches-du-Rhône).
N		— — Env. de Salon (Bouches-du-Rhône).
N		— — Gorge de la Touloubre, à St-Chamas (Bouches du-Rhône).
N		— — La Crau, à Istres (Bouches-du-Rhône).
N		— — Sommet et versant Nord de Ste-Victoire.
N		— — Env. de St-Zacharie (Var).
N		— — Forêt de la Ste-Baume (Var).
N		— — Baou de Bretagne (chaîne de la Ste-Baume).
N		— — Gorge de Roquefavour (Bouches-du-Rhône).
N		— — Hermitage St-Jean, près Trets (Bouches-du-Rhône).
N		— — Le Défends, à Rousset (Bouches-du-Rhône).
N		— — Gorge de la route de Pourrières à Rians (Var).
N		— — Source d'Argens (Var).
N		Bords de la Garonne, à Toulouse. — La Poudrerie de Toulouse.
N		Les Albères. — Ruines d'Oultrera (Pyrénées-Orientales).

	H	Pyrénées centrales. — Luz (Hautes-Pyrénées).
	H	— — St-Sauveur (Hautes-Pyrénées).
N		— — Barèges (Hautes-Pyrénées).
N		— — Gèdres (Hautes-Pyrénées).
N		Béarn. — Le Parc de Pau (Basses-Pyrénées).
	H	Labourd. — Le phare de Biarritz (Basses-Pyrénées).
N		— — Env. d'Hendaye (Basses-Pyrénées).

Dans les deux premières colonnes, la lettre N désigne l'*Helix nemoralis*, la lettre H l'*H. hortensis*. Je n'ai pas indiqué le nombre d'échantillons que j'ai conservés de chaque station ; le nombre total est de 967 (novembre 1894), ce qui fait une moyenne de quinze environ, pour chacune des 62 stations énumérées : mais pour un grand nombre de celles-ci, celles de la Provence, par exemple, région où l'*H. nemoralis* est en somme rare, je n'ai souvent que deux ou trois échantillons ; au contraire certaines autres colonies sont représentées dans ma collection par plus de 50 échantillons (1).

Sur ces 62 stations, j'en distinguerai en particulier cinq, celles qui sont désignées au tableau par les lettres A, B, C, D et E, et je les étudierai tout spécialement, d'une façon très détaillée.

STATION A. — *Vallon du petit ruisseau qui aboutit à Honfleur (Calvados), à 2 kilomètres environ en amont d'Honfleur, dans les haies ; 22 avril 1879.* Dans cette station les *H. nemoralis* et *hortensis* vivent associées, et je n'ai pu trouver aucun intermédiaire entre ces deux catégories, quoique ce jour-là mon intention eût été particulièrement attirée sur les hybrides : j'avais observé, en effet, un assez grand nombre de

(1) Je n'ai pas indiqué, dans le tableau précédent, les coquilles d'*H. nemoralis* ou *hortensis* que j'ai récoltées en dehors de la France, en petit nombre il est vrai, ni celles, très nombreuses par contre, que j'ai reçues de mes divers amis ou correspondants.

primevères hybrides entre *Primula grandiflora* et *P. elatior* (1).
Les caractères différentiels, qui sont très nets et ne permettent aucune indécision, sont précisément ceux qu'a indiqués Müller. L'*H. nemoralis* est à péristome noir ; l'*H. hortensis* est plus petite, plus brillante, c'est-à-dire à test plus délicat, moins grossièrement strié, et à *péristome blanc*.

Cette observation confirme donc absolument celle de Müller; aux environs d'Honfleur les *H. nemoralis* et *hortensis* se présentent avec les mêmes caractères que dans le Danemark. Je crois que, dans tout le massif du Jura, les *H. nemoralis* sont également toujours à péristome noir, et les *H. hortensis* à péristome blanc, et que la différence de taille ne permet pas non plus la moindre indécision. Je donne cette indication d'après l'examen de quelques coquilles que j'ai récoltées dans le haut Jura, et surtout d'après de nombreux échantillons que j'ai reçus, il y a quelques années, de M. Charpy, collectionneur très actif qui résidait à Saint-Amour (Jura). Les échantillons que j'ai récoltés à Saint-Germain-des-Fossés (Allier) et ceux recueillis un peu en amont de Roanne (Loire) m'ont présenté eux aussi ces mêmes particularités ; mais ils sont en moindre nombre que ceux de la station A, et c'est pour ce motif que je me suis borné à parler en détail de celle-ci.

Station B. — *Haie d'une vingtaine de mètres de long, sur le bord Est de la route de Vonges à Pontailler-sur-Saône (Côte-d'Or), à 500 mètres environ de Vonges.* De l'autre côté de cette haie se trouve un champ, un peu en contrebas de la route, mais qui est assez en dessus du niveau de la plaine, pour que même au moment des grandes inondations, il reste hors de l'atteinte des eaux de la Saône.

C'est pendant l'automne 1879, et le courant de l'année 1879, qu'étant en résidence à Vonges même, j'ai eu l'occasion

---

(1) Voir, concernant ces hybrides : *Ann. Soc. bot. de Lyon*, séance du 13 mai 1879, t. VII, p. 301.

d'étudier très soigneusement cette station (1), ainsi que les deux stations C et D. Trois sortes d'hélices étaient associées dans cette haie ; la plus abondante était l'*Helix fruticum*, puis l'*H. hortensis*, et enfin l'*H. nemoralis*. Toutes les *fruticum* étaient du type ordinaire, à coquille blanc opalescent, sans bande, ni coloration rosée ou brune. Pour les *H. hortensis*, sur 242 échantillons récoltés *sans choix*, j'ai trouvé :

113 coquilles unicolores, jaune citrin, mélanostomes (à péristome brun foncé);

70 coquilles unicolores, jaune citrin, leucostomes (sur ce nombre 19 sont toutefois à péristome plus ou moins nuancé de rose);

50 coquilles unicolores, jaune paille très clair (mode *opalescens*), toutes à péristome très blanc ;

1 coquille unicolore, jaune légèrement rosé, mélanostome.

8 coquilles fasciées, toutes à 5 bandes, leucostomes.

Pour les *nemoralis*, sur 26 coquilles, toutes à fond jaune, et à péristome brun foncé, il y avait :

9 coquilles à	5	bandes, soit	. . . .	45	bandes.
3	—	4	—	—	. . . .	12	—
7	—	3	—	—	. . . .	21	—
1	—	2	—	—	. . . .	2	—
6	—	0	—	—	. . . .	0	—

Soit : 80 bandes pour 26 coquilles; nous dirons pour caractériser cette colonie de *nemoralis*, au point de vue des fasciations, qu'elle est

---

(1) J'ai constaté, à cette occasion, que les *H. fruticum*, *hortensis* et *nemoralis* s'éveillent au printemps, dans la Bresse septentrionale tout au moins, dès que commencent à fleurir les prunelliers *(Prunus spinosa*, Linné) des haies (en 1879, le 7 avril); et disparaissent à l'automne au moment de la floraison des chrysanthèmes (en 1879 le 1ᵉʳ novembre), ou plus exactement peut-être, au moment des premières gelées susceptibles de défeuiller les arbres indigènes à feuilles caduques les chênes exceptés, bien entendu). Le 17 octobre 1879 il ;avait gelé assez fortement, dans les endroits découverts, pour tuer les fleurs de colchiques (*Colchicum automnale*, Linné) alors épanouies ; toutefois les 26 et 29 je vis encore des *H. hortensis* perchées dans les buissons; mais le 1ᵉʳ novembre, et les jours suivants, je n'en vis plus aucune ; elles avaient toutes gagné leurs cachettes hivernales.

fasciée à 61 pour 100 (rapport de 80 au nombre total, $26 \times 5 = 130$, des bandes qu'il pourrait y avoir, au maximum). Pareillement nous dirons que les *hortensis* étaient fasciées à 3 pour 100 (rapport de 40 à 1210).

Les deux séries d'individus, *hortensis* d'une part, *nemoralis* d'autre part, qui cohabitent dans la station B, présentent en définitive les caractères suivants :

1° Les *hortensis*, sous le rapport de la couleur du péristome, sont à peu près partagées par moitié en mélanostomes et leucostomes ;

2° Chez les *hortensis*, en outre, le mode *roseus* manque presque complètement (un seul échantillon sur 242, et encore est-il à couleur jaune à peine rosé) ; le mode *umbilicatus* (ombilic incomplètement recouvert) est aussi fort rare, 5 individus seulement sur 242, soit 2 pour 100 environ ; le mode *opalescens* est au contraire très abondant, 10 pour 100 ; les fasciations sont rares, 3 pour 100 seulement ;

3° Les *nemoralis* sont bien moins nombreuses que les *hortensis*, 26 contre 242, soit 10 pour 100 de la population totale. *Il n'y a aucune confusion possible entre ces deux groupes;* les *nemoralis* se distinguent très nettement par leur taille plus forte, et leur test plus grossier ; elles ont peut-être aussi le bourrelet du péristome disposé d'une façon un peu différente, mais ce dernier caractère est moins net ;

4° Les *hortensis* présentant le mode *melanostomus* ne sont pas des hybrides ; car ces individus mélanostomes sont tous sans bandes (3 des fasciés ont le péristome un peu coloré, mais coloré tout au plus comme les 19 individus déjà signalés, et comptés cependant parmi les leucostomes), tandis que les *nemoralis* sont fasciés à 61 pour 100. Si les *nemoralis* étaient des parents, pour les 113 individus que j'ai appelés « *hortensis* mélanostomes », tout porte à présumer que ce caractère de grande fasciation se trouverait, au moins en partie, chez ces 113 individus.

Station C. — *Lamarche-sur-Saône (Côte d'Or) octobre 1878, au bord de la route de Vonges à Lamarche, dans une haie d'épicéa.* Cette station n'est éloignée que de 3 kilomètres à peine de la précédente; mais les colonies qui les habitent sont bien différentes, malgré cette faible distance. Je n'ai récolté que 7 *nemoralis* et 35 *hortensis*.

1° Les *hortensis* sont encore ici à peu près partagées par moitié en leucostomes (il y en a 20) et en mélanostomes (il y en a 15);

2° Chez les *hortensis*, le mode *roseus* est très fréquent, 50 pour 100 environ, car sur les 20 leucostomes il y en a 9 à épiderme rose, ou jaune rosé, et sur les 15 mélanostomes il y en a également 9. Le mode *umbilicatus* n'est pas représenté; le mode *opalescens* manque entièrement : toutes les coquilles qui ne sont pas roses, ou jaune rosé, sont jaune citrin. Aucune coquille n'est fasciée;

3° Les *nemoralis*, au nombre de 7, sont fasciées à 11 pour 100, car il y a 4 bandes (1 coquille à 3 bandes, 1 à 1 bande, et les 5 autres sans bandes). Elles sont toutes à épiderme jaune, mais à sommet rosé. Il semble que cette couleur rose de l'épiderme, ou même du test (car l'épiderme enlevé, la coquille est encore d'un blanc mat légèrement rosé), doive être attribuée à quelque influence spéciale du milieu, peut-être à certain aliment spécial, puisque *nemoralis* et *hortensis* le présentent également.

Station D. — *Le mont Ardoux, à Pontailler-sur-Saône (Côte-d'Or), octobre 1878, dans les vignes qui entourent la chapelle.* Le mont Ardoux est une petite éminence qui ne s'élève qu'à une cinquantaine de mètres au-dessus de la plaine environnante. Cette station est éloignée de 1200 mètres à peine de la station B.

Aucune *nemoralis*, mais 147 *hortensis*. Sur ces 147 individus il y en a 143 mélanostomes, jaune citrin plus ou moins foncé, sans bandes, et 4 de même nuance, sans bandes également, mais leucostomes. Ainsi donc :

1° Chez ces *hortensis* du mont Ardoux le mode *mélanostomus* domine entièrement : 97 pour 100 ;

2° Le mode *roseus* manque absolument, aussi bien que le mode *opalescens* ; mais il y a 30 coquilles à ombilic plus ou moins découvert : le mode *umbilicatus* est bien représenté, 21 pour 100 ; pas de coquilles fasciées.

Ces trois colonies B, C, D, si rapprochées, et pourtant si différentes sous certains points de vue, sont bien intéressantes à comparer. Dans chacune d'elles un certain mode se trouve localisé : le mode *opalescens* à Vonges, le mode *roseus* à Lamarche, et le mode *umbilicatus* au mont Ardoux. Ce dernier mode est d'autre part fort remarquable : je ne l'ai jamais vu signalé par les auteurs, et je ne l'ai rencontré nulle part ailleurs que dans cette petite portion de la Bresse septentrionale.

Mais le fait sur lequel il convient d'insister, est le suivant : dans ces trois stations, ces modes spéciaux, *opalescens*, *roseus* et *umbilicatus* présentent toutes les nuances, tous les intermédiaires, entre leur manifestation la plus caractérisée, et leur atténuation complète. Au contraire, je l'ai déjà dit, on ne voit aucun intermédiaire, dans les stations B et C, entre les grosses *nemoralis* et les petites *hortensis*.

On accorde d'ordinaire bien peu d'importance à ce caractère de la grosseur relative ; mais c'est à tort, et par suite d'une idée préconçue. N'y eût-il aucune autre différence, s'il n'y a pas d'intermédiaires entre les deux formes, l'une *major*, l'autre *minor*, vivant ensemble, c'est-à-dire entre *nemoralis* et *hortensis*, on est en droit de conclure qu'il y a non seulement entre elles une différence morphologique très nette, mais encore une *barrière généalogique*, soit que leur accouplement soit infécond, soit qu'il y ait simplement amixie, la cause de celle-ci étant d'ailleurs indéterminée.

Mais il n'y a pas que ce seul caractère différentiel de la grosseur relative; les *hortensis*, dans les stations B, C et D, sont en outre plus délicates, à test moins grossier, moins fortement strié, à épiderme brillant; et en outre leur péristome, si on considère un ensemble d'individus, est un peu différent. Dans la portion inférieure du péristome, c'est-à-dire dans la partie la plus rapprochée de l'ombilic, le manteau, lorsque l'animal est au dehors de sa coquille, est en contact avec les deux parois, interne et externe; plus loin, c'est-à-dire dans la portion arrondie et extérieure du péristome, le manteau n'est jamais en contact qu'avec la paroi interne. Au point de séparation de ces deux régions, les *nemoralis* présentent un changement brusque; le péristome, d'abord en forme de crête droite, devient brusquement comme patulescent; chez les *hortensis* le passage est plus adouci. Enfin les *hortensis* sont de forme un peu plus globuleuse, le rapport du diamètre de la coquille à sa hauteur étant chez elles un peu plus petit que chez les *nemoralis;* mais ce dernier caractère est assurément l'un des moins importants, du moins dans les trois stations que nous avons en vue actuellement.

Mais poursuivons notre exposé. Si dans les stations A, B, et C, nous constatons une barrière généalogique entre les deux groupes *nemoralis* et *hortensis*, nous ne savons pas encore quelle est la nature de cette barrière; comme nous l'avons déjà dit, ce peut être infécondité du croisement, ou simplement amixie; et dans ce dernier cas, l'amixie peut être attribuée à différentes causes. L'étude de la station E va nous éclairer à ce sujet.

STATION E. — *Bords de l'Yvette à Orsay (Seine-et-Oise), près de Paris; dans la bordure inculte de buissons, taillis, et grands arbres, qui sépare le ruisseau d'un grand pré, sur la rive droite, une cinquantaine de mètres en amont du pont de Bures.* J'avais récolté des *Helix nemoralis* et *hortensis* dans cette station une première fois, le 30 juin 1878; dans le courant de 1880 je m'aperçus de tout l'intérêt de cette colonie, et j'y retournai pour mieux l'étudier en septembre de cette même année 1880.

De même qu'à Honfleur, les *H. hortensis*, plus petites et à test plus délicat que les *nemoralis*, ont le péristome blanc, ou très légèrement rosé, tandis que celui du *nemoralis* est brun foncé. Les *hortensis* présentent de fort jolies variétés, à coquilles unicolores, sans bandes, translucides, et de couleur brune, fauve, ou violette; ces variétés ont déjà été signalées en 1873 par L. Pascal (1).

Mais la particularité la plus intéressante de cette station, est la présence d'un assez grand nombre de sujets intermédiaires entre les deux groupes *nemoralis* et *hortensis;* il y en a environ 9 pour 100 de la population totale, qui comprend en outre, pour cent, 58 *hortensis* et 33 *nemoralis*. Manifestement ces sujets intermédiaires sont issus de croisement entre les deux groupes. L. Pascal, qui a certainement observé cette même colonie, ou quelque autre très voisine, les a désignés sous le nom : « variété *hybrida* », et ne les signale qu'à Orsay, pour les environs de Paris. Il dit, en parlant des *H. nemoralis* et *hortensis :* « leurs métis sont facilement reconnaissables en ce qu'ils offrent un péristome rose, fauve, ou violet; ce sont ces coquilles qui constituent la variété *hybrida* » (2). Il est à peine besoin de faire remarquer que cet auteur a eu le tort de généraliser : ce n'est qu'à Orsay, et dans quelques autres stations analogues, *mais non pas par-*

---

(1) Catalogue des mollusques terrestres et des eaux douces du département de la Haute-Loire et des environs de Paris, p. 34.

(2) *Loc. cit.*, p. 34.

tout, que les coquilles à péristome légèrement coloré peuvent être considérées comme des métis entre *nemoralis* et *hortensis*.

Insistons un moment sur le petit nombre relatif des intermédiaires observés. Nous avons dit qu'il y en avait 9 pour 100 environ. Ne pourrions-nous pas en conclure que ce sont des hybrides et non des métis comme le dit Pascal, c'est-à-dire que ces sujets issus du croisement sont inféconds, ou tout au moins qu'ils présentent une fécondité très amoindrie?

Supposons qu'il y ait au début, dans une colonie, moitié *nemoralis*, et l'autre moitié *hortensis*. Chaque sujet *hortensis* se trouve en présence d'un nombre égal de sujets *hortensis* et *nemoralis*; il y aura donc autant de probabilités pour qu'il s'accouple avec un sujet *hortensis* qu'avec un sujet *nemoralis*. En d'autres termes, *s'il n'y a pas de cause spéciale d'amixie et si les unions croisées sont aussi fécondes que les unions directes*, il y aura à la première génération pour 100 individus : 25 *hortensis*, 25 *nemoralis*, et 50 demi-sang. En raisonnant de même, il est facile de voir qu'à la seconde génération il n'y aura plus que 6,25 0/0 d'*hortensis* pur-sang, et 6,25 0/0 de *nemoralis* pur-sang, tout le reste étant des demi et des trois-quarts de sang de différentes catégories. A la troisième génération, il n'y aura plus que 0,39 0/0 de pur-sang *hortensis*, et pareil nombre de pur-sang *nemoralis*, moins de 1 0/0, en somme.

En supposant un tiers des sujets *nemoralis*, et deux tiers des sujets *hortensis*, ce qui est à peu près la proportion que j'ai observée à Orsay, on arrivera au même résultat ; au bout des trois générations il n'y aura pas un seul sujet ayant conservé intacts ses caractères de *nemoralis* ou d'*hortensis* : tous les sujets seraient intermédiaires entre les deux formes originelles.

Si donc nous voyons les sujets intermédiaires ne former qu'une faible minorité, nous pouvons en conclure que le croisement, entre les deux groupes considérés, présente une fécondité amoindrie, ou bien, tout au moins, qu'il y a quelque obstacle s'opposant aux unions croisées ; dans un cas comme dans l'autre, on peut dire qu'il existe une certaine *barrière généalogique* entre les deux groupes.

Pourrait-on trouver des colonies où cette faible barrière elle-même disparaîtrait, et où les métis entre *nemoralis* et *hortensis* constitueraient la grande majorité de la population ? Cela me semble fort possible, quoique je n'aie jamais rencontré pareille colonie. Mais il importe peu, en somme que de telles colonies existent ou n'existent pas. Il reste établi que, dans la *plupart* des stations où cohabitent ces deux groupes, *nemoralis* et *hortensis*, il y a des différences *morphologiques* fort nettes, et une barrière *généalogique* s'opposant aux accouplements croisés, ou diminuant la fécondité de ceux-ci.

Mais en outre, il existe une autre différence, *géographique* celle-là, entre ces deux hélices. L'*H. hortensis* s'étend moins loin, au sud de l'Europe, que la *nemoralis*; elle semble craindre beaucoup plus que cette dernière la chaleur et la sécheresse du climat. En Provence, et dans le Bas-Dauphiné, l'*H. hortensis* ne se rencontre plus, tandis que l'*H. nemoralis* y forme, ça et là, d'assez nombreuses colonies. Dans la péninsule italique, l'*H. hortensis* manque absolument, tandis que l'*H. nemoralis* descend fort loin dans le sud, jusque dans la Marche, l'Ombrie, et même jusque dans les Abbruzes. L'abbé Stabile a dit, en parlant de l'*H. nemoralis* : « la mutation à péristome blanc (que quelques naturalistes confondent à tort avec l'*H. hortensis*) est assez rare dans les localités citées. M. Mella l'a trouvée à Dronero ; M. Mortillet dans la vallée de la Scrivia. Quant à l'*H. hortensis*, Müller, elle n'existe pas du côté sud des Alpes ! » (1) Enfin, dans la péninsule ibérique, l'*H. hortensis* ne s'écarte guère des Pyrénées (peut-être même n'existe-t-elle pas au sud de cette chaine), tandis que la *nemoralis* a été signalée jusqu'auprès de Valence et de Lisbonne.

Ainsi donc les *Helix* que nous avons nommées *nemoralis* et *hortensis*, constituent deux *groupes* bien distincts. Je n'ai pas encore dit deux *espèces* : ce mot n'a pas été employé jusqu'ici par moi dans ce chapitre, si ce n'est dans le premier paragraphe, où j'exposais simplement le programme du chapitre. Ces deux groupes diffèrent :

1° *Morphologiquement*, en ce que, dans le nord de l'Europe tout au moins, l'*hortensis* a sa coquille plus petite, plus globuleuse, à test plus lisse, et à péristome blanc, et non noir comme celui de la *nemoralis*.

2° *Généalogiquement*, en ce que, lorsqu'on trouve des représentants de l'un ou l'autre groupe vivant ensemble, il arrive le plus souvent qu'il n'y a aucun intermédiaire morphologique entre eux, ou que les intermédiaires, lorsqu'ils existent, sont en faible minorité.

3° *Géographiquement*, en ce que les domaines respectifs de ces deux hélices sont distincts, celui de l'*H. nemoralis* débordant largement au sud, en divers points, celui de l'*H. hortensis* (2).

Ces deux groupes sont donc *naturels ;* si nous appelons l'un *nemoralis*, l'autre *hortensis*, il n'y a de conventionnel que les noms que nous leur donnons, mais non pas la distinction que

---

(1) *Moll. terr. viv. du Piémont*, 1864, p. 66. L'abbé Stabile est un des rares auteurs modernes qui ont su distinguer l'*H. nemoralis* à péristome blanc, de la véritable *H. hortensis*. Cet auteur emploie fréquemment dans ses ouvrages le mot *mutation*, qui est synonyme de notre mot *mode*.

(2) C'est précisément en s'appuyant sur des considérations de même ordre, que Darwin a montré que *Primula officinalis*, Jacq., *grandiflora*, Lam. et *elatior*, Jacq., doivent être considérées comme *trois espèces* distinctes (*Des différentes formes de fleur dans les plantes de la même espèce*, édition française, par M. le Dr Heckel, 1878, p. 64 et suivantes).

nous faisons entre l'un et l'autre. Nous dirons que ce sont deux *espèces* différentes, et nous voyons très nettement que l'idée d'espèce, telle qu'elle nous apparaît en cette occasion a une réalité *objective* et non subjective : ce n'est pas une convention imaginée pour la commodité du classement des êtres organisés dans nos livres ou nos collections ; en un mot, l'*espèce est bien un groupe naturel*.

Ces deux espèces, *Helix nemoralis* et *Helix hortensis*, sont assurément très voisines ; nous dirons même qu'elles sont aussi peu distinctes que possible, puisque, dans une partie de leur domaine commun, il y a des croisements féconds entre elles. On pourrait dire encore, à la rigueur, que les *H. nemoralis* et *hortensis* sont d'espèce distincte dans une partie de leur domaine commun (nord de l'Europe), et de même espèce dans une autre partie de ce domaine (certaines régions françaises) ; cet énoncé n'a rien d'absurde, et nous verrons bientôt que certains insectes coléoptères présentent des faits entièrement semblables.

Il nous reste encore à examiner quelques-unes des particularités intéressantes que présente le polymorphisme des *H. nemoralis* et *hortensis*, et en particulier il nous reste à parler des *inversions des caractères différentiels*, analogues à celles que nous avons signalées pour les *Helix acuta* et *ventricosa*. Ces inversions peuvent s'observer à peu près toutes les fois qu'on considère deux espèces très voisines ; et les *H. nemoralis* et *hortensis* étant comme nous venons de le dire aussi voisines que peuvent l'être deux espèces, à moins de se confondre, il n'est pas surprenant qu'elles nous présentent elles aussi, et d'une façon très remarquable, ces mêmes phénomènes d'inversion.

Jusqu'ici, en effet, nous avons considéré les *nemoralis* et *hortensis* vivant ensemble dans une même station, et sauf le cas de quelques sujets intermédiaires, vraisemblablement hybrides, que nous ont présenté quelques rares stations, il y avait, dans chaque station étudiée, des différences morphologiques très nettes entre les deux espèces, différences qui ne permettaient aucune incertitude, quant à la détermination spécifique de chaque individu.

Ces différences sont au nombre de quatre principales, et reposent sur les quatre caractères suivants :

1° Grosseur de la coquille ;
2° Couleur du péristome;
3° Forme plus ou moins globuleuse de la coquille ;
4° Test plus ou moins lisse.

Mais chacun de ces caractères est très variable, et de là quatre séries de modes :

1° *Ex amplitudine* : *major*, *medius*, *minor;*
2° *Ex colore* : *melanostomus*, *rhodostomus*, *leucostomus;*
3° *Ex forma* : *depressus*, *normalis*, *elongatus;*
4° *Ex epidermide* : *rugosus*, *lævigatus.*

Or il arrive que des *H. nemoralis* mode *minor* sont plus petites que des *H. hortensis* mode *major;* c'est le cas des *nemoralis* d'Orsay et de Dieppe, comparées aux *hortensis* de Vonges. Nous avons déjà parlé des *hortensis* m. *melanostomus* de Vonges; dans les Pyrénées, les *nemoralis* m. *leucostomus* ne sont pas très rares. Les *nemoralis* de Dieppe présentent le mode *elongatus*, les *hortensis* de Vonges, au contraire, le mode *depressus*, et là encore il y a inversion. Enfin, l'épiderme plus ou moins lisse, et l'épaisseur du test, ne peuvent pas non plus servir toujours à distinguer les deux espèces, en dehors des cas où l'on compare des sujets de même âge et de même station : les coquilles des sujets qui ont passé l'hiver sont toujours un peu rugueuses, et l'épaisseur du test est dans une dépendance étroite avec la nature minéralogique du sol.

Il résulte donc de ces inversions que, de même que pour

les *Helix acuta* et *ventricosa*, la détermination des *H. nemoralis* et *hortensis* ne peut se faire, dans certains cas, avec quelque certitude, que par l'étude minutieuse d'un grand nombre de sujets de chaque station.

Quant au naturaliste en chambre, qui reçoit de ses correspondants des échantillons récoltés un peu partout, en très petit nombre de chaque station, et qui n'a pas appris de l'étude minutieuse sur le terrain, toutes les particularités que je viens de signaler, il ne se doute pas des différences *morphologiques*, *généalogiques* et *géographiques* que révèle l'étude sérieuse et attentive de quelques stations. Il ne voit, dans ces *H. nemoralis* et *hortensis* que deux groupes artificiels, et fatalement, logiquement, il en arrive à nier la réalité objective de l'espèce, et à considérer celle-ci comme un groupe conventionnel, imaginé pour la commodité de la classification.

L'inversion des caractères différentiels entre *H. nemoralis* et *hortensis* est telle que, pour ma part, et à ne citer qu'un exemple, si je mêlais les cinq *nemoralis* que j'ai rapportés de Dieppe en juillet 1878, aux 242 *hortensis* que j'ai récoltées à Vonges (station B), au printemps de 1879, *il me serait impossible* de les séparer à nouveau. Et pourtant je n'ai pas le moindre doute sur l'exacte détermination de ces *nemoralis* de Dieppe et de ces *hortensis* de Vonges.

Il est même certaines stations dans lesquelles les individus de l'une et l'autre espèce sont mêlés de telle sorte qu'il est impossible de déterminer exactement un grand nombre de sujets. Ce sont celles où l'introduction naturelle et fréquente d'individus provenant de plusieurs colonies différentes et éloignées occasionne un mélange de variétés et de races de chacune des deux espèces considérées. J'ai eu l'occasion de visiter une station de ce genre : c'est l'île Jaricot, qui se trouve dans le Rhône, tout près de la rive droite, un peu en aval de Lyon, en face du village de Vernaison. La faune malacologique de cette île a été décrite par M. Charles Perroud en 1886 (1), et c'est précisément en compagnie de M. Perroud, et conduit par lui, que j'ai exploré cette intéressante station, le 2 octobre 1880, c'est-à-dire un an environ avant qu'elle ne fût dépeuplée par une crue exceptionnelle du Rhône. Un très grand nombre des échantillons que j'ai rapportés de l'île Jaricot sont pour moi indéterminables, ou du moins je ne pourrais les étiqueter autrement, en toute sécurité, que : « *H. nemoralis*, ou *hortensis*, ou hybride entre ces deux espèces. » Une pareille indécision est bien naturelle, si on remarque que la population malacologique de cette île, comme l'a très bien montré M. Perroud, est issue d'un certain nombre d'individus provenant de différents points du bassin supérieur du Rhône, et apportés là par les crues ordinaires du fleuve. C'est un mélange analogue à celui que j'obtiendrais en réunissant pêle-mêle toutes les coquilles des soixante-deux stations énumérées au tableau que j'ai donné au commencement de ce chapitre : après l'opération il me serait impossible de séparer à nouveau les deux espèces; un grand nombre d'échantillons, sur la détermination desquels je n'ai pas le moindre doute actuellement, deviendraient aussitôt pour moi indéterminables.

Je résumerai mes observations sur le polymorphisme des *H. nemoralis* et *hortensis* dans les cinq propositions suivantes.

1° Dans certaines stations, telles que celles étudiées par Müller dans le Danemark, par exemple, il existe deux groupes d'hélices, que nous appellerons, l'un : *Helix nemoralis*, l'autre : *Helix hortensis*, entre lesquels on n'observe pas d'intermédiaires. Dans le premier groupe la coquille est

---

(1) De l'influence du régime des eaux sur les variations malacologiques, in : *Annales de Malacologie*.

plus grande, plus déprimée, l'épiderme moins brillant, le péristome brun ou noir; dans le second, la coquille est plus petite, plus globuleuse, plus brillante, et le péristome est blanc.

2° Dans d'autres stations, aux environs d'Orsay, par exemple, ces deux groupes d'hélices, vivant ensemble, présentent encore les mêmes particularités et différences; mais on observe, en outre, un certain nombre d'intermédiaires vraisemblablement hybrides, dont le petit nombre est l'indice, non moins que l'absence complète d'intermédiaires dans le cas précédent, d'une véritable barrière généalogique entre les deux groupes.

3° Les caractères différentiels qui permettent de séparer sans indécision les *H. nemoralis* des *H. hortensis* lorsqu'on les rencontre associés dans une même colonie, sont variables et sujets à l'inversion, en sorte qu'il n'est pas toujours possible de distinguer à coup sûr, d'après la coquille, les *H. nemoralis* d'une station A, par exemple, des *H. hortensis* d'une station B d'une autre région, si on n'a pas, comme points de comparaison, les *hortensis* de la station A ou de quelques autres stations voisines de A, et les *nemoralis* de la station B, ou de quelques autres stations voisines de B.

4° Dans certaines stations, telles que l'île Jaricot, riveraines de grands cours d'eau sujets à des crues et descendant de régions où les *H. nemoralis* et *hortensis* habitent et présentent l'inversion des caractères différentiels, on se trouve dans la même impossibilité de rattacher, avec certitude à l'un ou l'autre groupe, certains individus en apparence intermédiaires, et on ne peut qualifier d'hybrides ces sujets intermédiaires, indéterminables, qui sont, soit *nemoralis* pur-sang, soit *hortensis* pur-sang, soit hybrides entre *nemoralis* et *hortensis*, sans qu'il soit possible de choisir logiquement entre ces trois hypothèses.

5° Enfin, notons encore que l'*H. hortensis* descend bien moins loin dans le sud de l'Europe que l'*H. nemoralis;* peut-être aussi monte-t-elle plus haut dans les Alpes. Les domaines respectifs de ces deux hélices ne sont donc pas identiques, et, en outre des différences *morphologiques* et *généalogiques* précédemment indiquées, il y a là une différence *géographique* fort importante à considérer.

Nous aurons encore à étudier d'autres particularités curieuses, que présente le polymorphisme des *H. nemoralis* et *hortensis*, quant à la disposition des bandes colorées qui ornent les coquilles; mais ce sera l'objet d'un autre chapitre.

CHAPITRE VII

HELIX CESPITUM

(LOCALISATION DES CARACTÈRES)

J'ai déjà signalé incidemment, pour chacune des espèces que nous avons étudiées jusqu'ici, quelques exemples de localisation des caractères. Il nous faut reprendre maintenant ce sujet spécial, qui mérite d'être approfondi avec le plus grand soin.

Un premier fait général peut être énoncé: les différentes variétés d'une espèce, ou plus exactement, *les différents modes d'un caractère variable, chez une espèce, ne sont pas également répartis dans toute l'étendue du domaine de cette espèce*. Quelle est donc la répartition de ces différents modes ?

1° Tous les naturalistes collectionneurs savent parfaitement, par expérience, que, pour se procurer certaines variétés rares, il faut aller dans certaines stations particulières, où la variété cherchée est plus ou moins abondante, tandis que partout ailleurs elle manque entièrement. C'est ainsi que j'ai déjà signalé la localisation du *Bulimus detritus* m. *corneus* à Clermont-Ferrand, du *Bulimus detritus sabaudinus* au pied de la Dent du Chat, en Savoie, de l'*Helix hortensis* m. *umbilicatus* à Pontailler-sur-Saône. Ces exemples, auxquels il serait bien facile d'en adjoindre beaucoup d'autres, nous présentent un premier degré de localisation des caractères : *certaines variétés sont localisées dans certaines stations.*

2° Mais parfois, ce n'est pas seulement dans une station particulière qu'on rencontre certaines variétés, mais dans toutes ou presque toutes les stations d'une portion plus ou moins grande du domaine de l'espèce considérée. C'est ainsi que le mode *microporus* de l'*Helix lapicida*, autrement dit l'*H. Andorrica* de Bourguignat, semble localisé dans les Pyrénées. M. Fagot nous dit, en effet, que cette variété se rencontre dans les Pyrénées « sur les deux versants, çà et là, avec le type ». Comme les Pyrénées ne constituent qu'une faible portion du domaine de l'*H. lacipida*, et une portion située sur les confins de ce domaine, cette *H. Andorrica* nous semble une sorte de déviation du type ordinaire de l'*H. lapicida*. D'autres fois, au contraire, c'est au centre même du domaine d'une espèce, ou du moins là où elle abonde, et semble tout particulièrement se plaire, qu'on rencontre certains modes spéciaux, qui manquent au contraire, dans le reste du domaine. Tel est le cas de l'*H. pyramidata*, qui en Sicile et en Tunisie, comme je l'ai dit précédemment, nous offre une richesse de formes vraiment très remarquable (1). En Provence, au contraire, cette espèce est beaucoup moins variable. Dans un cas comme dans

---

(1) Dans leur *Prodrome de la Malacologie terr. et fluv. de la Tunisie*, 1887, p. 95, Letourneux et Bourguignat ont décrit *seize* formes distinctes de *pyramidata*.

l'autre, on peut définir cette sorte de localisation de la façon suivante : *certains modes spéciaux sont localisés dans une portion particulière, soit centrale, soit excentrique, du domaine de l'espèce considérée, mais n'affectent, dans cette portion du domaine, qu'une partie seulement des individus.*

3° D'autres fois, enfin, et l'*Helix cespitum* va nous en offrir un exemple remarquable, *certains modes spéciaux sont localisés dans une portion particulière, du domaine de l'espèce considérée, mais affectent dans cette portion du domaine, tous ou à peu près tous les individus.*

L'histoire de l'*Helix cespitum* et de ses nombreuses variétés est fort singulière. Avant de l'esquisser à grands traits, je dois dire que cette espèce est peut-être celle que j'ai récoltée le plus souvent, et que je connais le mieux, par conséquent. Elle est très répandue, en effet, en Provence, et il n'est peut-être pas une seule de mes courses malacologiques dans cette région, d'où je ne l'aie rapportée, souvent de plusieurs stations différentes. Actuellement (novembre 1894) j'ai 72 tubes ou boites de *cespitum* dans ma collection.

L'étude de l'*H. cespitum* est assez difficile, et il est presque impossible de ne pas se tromper à son sujet, ainsi que je vais l'indiquer, si on n'a pas à sa disposition des matériaux suffisants, et surtout si on ne suit pas une méthode judicieuse. Elle est d'une part très polymorphe, plus polymorphe peut-être que l'*H. striata* ; et en outre elle est facile à confondre, par suite du phénomène de l'inversion des caractères différentiels, avec trois autres espèces voisines : l'*H. variabilis*, l'*H. neglecta* et l'*H. ericetorum*.

Draparnaud est le créateur du nom, en 1801. Il a certainement eu quelque idée du polymorphisme de cette espèce, puisqu'il dit, en 1805 (p. 109) : « Coquille ordinairement subdéprimée, mais quelquefois approchant de la forme globuleuse... ».

En 1831, Michaud décrivit son *Helix Terveri*. La description n'est guère explicite; les dessins de Terver sont un peu plus instructifs, mais c'est la tradition, surtout, qui nous indique exactement ce qu'était cette *Terveri* : des coquilles étiquetées *Terveri* par Michaud ou Terver se trouvent encore à Lyon, dans différentes collections. La *Terveri* est une *cespitum*, présentant les modes *minor*, *microporus*, *subcarinatus*, en un mot le mode *præmaturus*, et pourvue en outre de plusieurs bourrelets d'accroissement bien saillants, bourrelets qui n'ont pas, à coup sûr, l'importance que leur attribuait Michaud dans sa description.

Terver se doutait bien des difficultés qu'il y a pour distinguer, sur des échantillons isolés, et en collection, l'*H. cespitum* var. *Terveri* des trois autres espèces voisines déjà nommées. Il dit en effet *(Moll. du nord de l'Afrique*, 1839, p. 24): « Cette espèce, qui parait destinée à se recruter des débris des *H. cespitum*, *ericetorum*, *variabilis* et *neglecta*, ou pour mieux m'exprimer, formant un centre autour duquel rayonnent ces espèces, devient par là même très difficile à déterminer d'une manière invariable ».

Bourguignat (1) a vivement reproché à Michaud et à Terver de ne pas avoir compris eux-mêmes l'*H. Terveri*, et d'avoir envoyé sous ce nom, à leurs divers correspondants, « les formes les plus hétéroclites ». Mais cependant Michaud et Terver en essayant de grouper sous un même nom tout un ensemble de formes affines, qui leur semblaient devoir être séparées spécifiquement de la *cespitum* parce qu'ils n'avaient pas constaté, sur le terrain, les faits de localisation que je vais signaler, étaient bien plus près de la vérité que Bourguignat disant : « La figure donnée par Terver est excellente et d'une rare fidélité. Je la recommande d'une façon particu-

---

(1) *Bulletin Soc. malac. France*, 1884, p. 260.

lière, parce que tout ce qui ne s'y rapporte pas exactement ne sera pas la vraie *Terveri* ». Nous voyons ici, soit dit en passant, la méthode de Bourguignat prise sur le vif : pour lui la vraie *Terveri* n'est pas une hélice, vivant dans telle ou telle région ; non, c'est une « forme de coquille », décrite par un auteur, et dessinée par un autre : peu importe d'ailleurs si description et figure ont été faites d'après un échantillon exceptionnel, anormal, ou monstrueux, et peu importe également si ledit échantillon a été bien ou mal représenté : « tout ce qui ne se rapporte pas exactement à ce dessin n'est pas la vraie *Terveri* » !

Mais poursuivons la recherche des différents noms sous lesquels les différentes variétés françaises de l'*H. cespitum* ont été signalées.

Le 31 juillet et le 1er août 1881, je rapportai d'une course à travers le Luberon (Apt, château de Saignon, vallon de Rocsalières, Vitrolles, Cucuron) un grand nombre de coquilles de *cespitum*. Je soumis à Bourguignat trois échantillons : d'une part le plus déprimé que je pus trouver, en second lieu le plus globuleux, et enfin un échantillon de forme moyenne. Le premier me revint sous le nom d'*H. introducta* Ziegler, le second sous le nom d'*H. Armoricana* Bourguignat, et le troisième sous le nom de *cespitum* Draparnaud.

En suivant le même procédé, c'est-à-dire en choisissant les sujets les plus anormaux, les plus tranchés de chacune de mes principales récoltes, j'ai eu successivement différents échantillons de *cespitum* qui m'ont été déterminés par Bourguignat : *arenarum*, *Arigoi*, *Adolfi*, *Marioniana*, *Dantei*, *Pisanorum*.

J'ai reçu en outre, du frère Florence, quelques échantillons de ses *H. Terveri, Luci, Maristorum* et *Hanryi* (cette dernière hélice était inédite lorsque je la reçus, en 1885, et l'est peut-être encore aujourd'hui).

Finalement, je puis donner la liste suivante des *noms sous lesquels ont été désignées quelques-unes des différentes variétés françaises de l'H. cespitum.*

    H. CESPITUM, Draparnaud, 1801.
1. *H. Terveri*, Michaud, 1831.
2. *H. Adolfi*, Pfeiffer, 1854.
3. *H. Arigoi*, Rossm., 1854.
4. *H. stiparum*, Rossm., 1854.
5. *H. Pampelonensis*, A. Schmidt, 1855.
6. *H. arenarum*, Bourg., 1864.
7. *H. arenivaga*, J. Mabille, 1867.
8. *H. Dantei*, Bourg. in Servain, 1880.
9. *H. Marioniana*, Bourg. in Locard, 1880.
10. *H. Mantinica*, J. Mabille, 1881.
11. *H. Pisanorum*, Bourg. in Locard, 1882.
12. *H. Armoricana*, Bourg. in Locard, 1882.
13. *H. introducta*, Ziegler in Locard, 1882.
14. *H. Panescorsei*, Berenguier, 1883.
15. *H. Luci*, Florence, 1884.
16. *H. adolia*, Florence, 1884.
17. *H. maristorum*, Florence, 1884.
18. *H. ilicis*, Florence, 1885.
19. *H. actiella*, Locard, 1885.
20. *H. subarigoi*, Fagot, 1892.
21. *H. Hanryi*, Florence, mss.

Jusqu'à présent il ne semble pas que l'*H. cespitum* présente rien de bien différent de ce que j'ai déjà signalé pour l'*H. striata*. Mais voici maintenant ce que cette espèce nous offre de particulier. D'abord les phénomènes d'inversion avec les *H. variabilis, neglecta* et *cricetorum*.

1° Avec l'*H. variabilis*. L'*H. Pisanorum* type, c'est-à-dire la première coquille qui a reçu ce nom, de Bourguignat, provenait de Pise, en Toscane. Or, j'ai reçu dernièrement de M. de Monterosato, et à deux reprises différentes, des coquilles étiquetées *Pisanorum*, provenant de Pise, et que le savant naturaliste sicilien me dit avoir comparées aux *Pisanorum* types de la collection Bourguignat. Ces *Pisanorum* sont manifestement des variétés de l'*H. variabilis*. D'autre part, j'ai reçu ce même nom de *Pisanorum*, de Bourguignat lui-même, pour des *cespitum* que j'avais récoltées à 1 000 mètres d'altitude dans le massif de la Sainte-Baume. Il y a donc eu, sous ce nom de *Pisanorum*, des *variabilis* et des *cespitum* confondues ; la confusion est-elle imputable à Bourguignat, à M. de Monterosato..., ou à moi-même ? Peu importe, pour l'instant, puisque je tiens seulement à montrer que la confusion est facile. — M. Locard a signalé d'après Bourguignat, les *H. cespitum*, *Armoricana* et *arenarum* aux environs de Locmariaquer (Morbihan). La vraie *cespitum* remonte-t-elle vraiment si haut sur le littoral océanique, et ne serait-ce pas différentes variétés de *variabilis* qui ont été ainsi déterminées *cespitum*, *Armoricana* et *arenarum* ? En tout cas, si la confusion n'a pas été faite par Bourguignat, qui avait vraiment un coup d'œil remarquable, elle a été faite certainement par d'autres auteurs. C'est ainsi que M. P. Berenguier (1) place l'*H. Terveri* tout à côté des *H. Kerizensis, Xalonica, alluvionum* ou autres *variabilis*, et fort loin au contraire de l'*H. cespitum* et de ses variétés. — Dans son étude toute récente sur l'*H. cespitum* (2), M. Carlo Pollonera dit ceci : « Si l'on veut réunir dans une même espèce toutes les formes qui ne diffèrent les unes des autres que par de faibles nuances, on en vient inévitablement à grouper ensemble les *H. cespitum, variabilis, neglecta*, et *profuga*, et plusieurs autres encore, et à ne plus garder

---

(1) Essai sur la faune malacologique du département du Var, 1882, p. 54.
(2) Studi sulle *Xerophila*, p. 7, fasc. I, vol. XVIII, 1893, *Bulletino della Società malacologica italiana*.

qu'un seul nom spécifique pour plus de cent formes distinctes, dont les plus divergentes, lorsqu'on fait abstraction des intermédiaires, n'ont vraiment entre elles presque aucune ressemblance ». Bien entendu, je ne donne pas mon adhésion à ce raisonnement : mais j'ai cru bon de citer ce passage, pour confirmer, par le témoignage de M. Pollonera, qu'entre *variabilis* et *cespitum* on peut trouver, à ne considérer que les caractères morphologiques, tous les intermédiaires.

2° Avec l'*H. neglecta*. Je dois dire, à ce propos, que je considère l'*H. neglecta* comme une espèce bien distincte de l'*H. variabilis*, et que je réunis à l'*H. neglecta* type de Draparnaud, entre autres formes bien connues, les *H. trepidula* Servain, et *talepora* Bourg, d'accord en cela avec M. Fagot (1). Les confusions entre *cespitum* et *neglecta* sont encore plus faciles, et dès lors plus fréquentes, que celles entre *cespitum* et *viariabilis*. Je citerai deux exemples. J'ai reçu en 1879, de M. Perroud, quelques coquilles provenant de Bollène (Vaucluse), étiquetées « *H. Terveri* ». Ces coquilles m'ont toujours beaucoup intrigué ; pendant longtemps le tube qui les renferme a été placé dans mon tiroir de *cespitum* ; mais j'avais des doutes, car jamais je n'avais rien rencontré de pareil. En novembre 1892, je récoltai pour la première fois, et en grand nombre, l'*H. talepora* des environs d'Avignon; depuis lors mon tube de Bollène a passé dans le tiroir des *neglecta*, à côté des *talepora* avec lesquelles les coquilles qu'il renferme ont de grandes analogies. Mais néanmoins, je ne suis pas encore pleinement convaincu que ce soit là sa vraie place, et pour détruire ce léger reste d'indécision, il me faudrait retrouver à Bollène la station d'où proviennent ces

---

(1) Hist. malac. Pyrénées, 1892, p. 72. Toutefois M. Fagot appelle « groupe d'espèces » ce que j'appelle espèce, et « espèce » ce que j'appelle variété, ou forme. Mais ses « groupes d'espèces » sont fort bien établis, et je suis à peu près d'accord avec lui pour tous ces groupements.

coquilles ambiguës. Lorsque j'ai été à Bollène, en 1882, étudier sur place l'*Helix Bollenensis*, je n'ai pas aperçu d'hélice se rapprochant de ces prétendues « *Terveri* ».

M. Locard a placé dans son *Prodrome*, en 1882, sur le témoignage de Bourguignat, l'*H. Dantei* à côté et dans le même groupe que l'*H. trepidula*. Or, Bourguignat m'a déterminé *H. Dantei* une variété de *cespitum* que j'avais récoltée à Roquefavour. Ou bien l'*H. Dantei* type, c'est-à-dire de Sicile (2) est une variété de *cespitum*, et on ne peut dès lors la classer à côté de l'*H. trepidula ;* ou bien, au contraire, c'est vraiment une variété de *neglecta* voisine de *trepidula*, et alors Bourguignat s'est trompé en me nommant *Dantei* une *cespitum*.

En réalité, l'*H. Dantei* de Bourguignat n'est pas une espèce ni une variété, mais une manière d'être, une « forme de coquille », intermédiaire entre les formes que revêtent le plus souvent les coquilles des espèces *cespitum* et *neglecta*, en sorte qu'on peut trouver des *cespitum* que Bourguignat aurait classés *Dantei*, et des *neglecta* que ce même auteur aurait également nommés *Dantei*. Si un botaniste innovateur imaginait de faire une vingtaine d' « espèces » avec les feuilles des *Quercus ilex* et *coccifera*, en négligeant tous les autres caractères, et s'il appelait *Quercus Dantei* l'une d'elles, dont la feuille serait de forme intermédiaire entre les formes de feuilles les plus ordinaires des deux chênes, on pourrait pareillement trouver des *Q. ilex* et des *Q. coccifera* que ce botaniste déterminerait indifféremment *Dantei*. Cet exemple nous montre en outre fort bien comment il se fait que Bourguignat pour avoir suivi une méthode mauvaise, en était arrivé à ne plus pouvoir distinguer les espèces les unes des autres, malgré son érudition étonnante, son coup d'œil admirable, et

(1) Voir : Servain, Etude moll. Espagne et Portugal, 1880, p. 72 et 172.

l'ardeur infatigable qu'il apportait au travail. A force d'analyser minutieusement les caractères, il en était arrivé à saisir, et à noter, les plus petites nuances dans la forme des coquilles ; mais il n'était plus capable de comprendre que ces différences n'ont qu'une importance très relative, et que, en tout cas, c'était un travail inutile, nuisible même le plus souvent, que de décrire longuement, après leur avoir donné un nom spécifique, quelques-unes des variations réellement innombrables que présentent la plupart des espèces polymorphes.

3° Avec l'*H. ericetorum*, la contusion est plus difficile, car les domaines respectifs de l'*H. ericetorum* et de l'*H. cespitum* n'empiètent pas l'un sur l'autre, en France du moins. Toutefois cette confusion a vraisemblablement été faite par Bouillet, qui a signalé l'*H. cespitum* aux environs de Clermont ; il a même dit, en parlant de cette espèce : « Toutes les variétés décrites par Draparnaud existent en Auvergne, où cette coquille est très commune et très belle (1)». Je crois connaître la coquille que Bouillet appelait *cespitum* ; j'ai récolté en effet en 1874, près de Merdogne, sur l'escarpement sud du plateau de Gergovia, une fort belle hélice, plus grande que les *ericetorum* ordinaires, mais que je rattache à cette dernière, et qui encore maintenant me préoccupe quelque peu, car elle semble bien distincte des *ericetorum* les plus rapprochées de Clermont que je connaisse, c'est-à-dire des *ericetorum* que j'ai récoltées à Saint-Pierre-Laval et Saint-Germain-des-Fossés (Allier), et à Brioude (Haute-Loire). Cette grande coquille doit être celle que Bouillet appelait *cespitum* (il assigne 20 à 23 millimètres de diamètre à sa *cespitum*), tandis qu'il appelait sans doute *ericetorum* une autre variété, plus petite (il indique 15 à 18 millimètres pour le diamètre de son *ericetorum*).

---

(1) Catalogue moll. terr. fluv. Auvergne, 1836, p. 37.

J'ai reçu de M. le commandant Caziot des *ericetorum* récoltées par lui aux environs de Castres (Tarn), en 1892, et qui sont presque identiques à celles que j'ai récoltées en 1874 près de Clermont. Je me propose depuis longtemps d'aller rechercher l'*H. ericetorum* de Bouillet « dans les environs de Clermont, à l'ouest », où elle est commune, d'après cet auteur, afin d'élucider si vraiment, comme je viens de le dire, Bouillet a nommé *cespitum* et *ericetorum* deux variétés, l'une *major* l'autre *minor*, de l'*ericetorum*, variétés dont la distribution topographique, aux environs de Clermont, serait tout au moins singulière (1).

J'indiquerai maintenant les limites du domaine de l'*H. cespitum*. En France, cette espèce ne s'écarte pas, pour ainsi dire, de la limite du domaine de l'olivier ; elle est abondante dans toute la Provence, dans le Languedoc, et dans le Roussillon. Puis on la retrouve à l'autre extrémité des Pyrénées, sur le littoral du pays basque (*H. Arigoi*) ; elle remonterait même, d'après Bourguignat, sur le littoral océanique, jusque un peu en dessus de l'estuaire du Morbihan, à Locmariaquer (Morbihan). Il n'y a pas disjonction réelle entre ces deux portions, l'une méditerranéenne, l'autre océanique, du domaine français de l'*H. cespitum*, car, si cette espèce ne se trouve pas au pied du versant septentrional des Pyrénées centrales, elle occupe vraisemblablement le pied du versant méridional sur toute sa longueur, et probablement aussi la majeure partie de la péninsule ibérique.

Je viens de dire que l'*H. cespitum* s'écarte peu, en Provence, du domaine de l'olivier cultivé. Mais il faut entendre par là que la frontière géographique du domaine de l'*H. cespitum* s'écarte peu de la frontière du domaine de l'olivier

---

(1) Fischer a indiqué en ces termes la présence de l'*H. ericetorum* aux environs de Châtelguyon (Puy-de-Dôme) : « *H. ericetorum*, Müller. — Dans les prairies, les champs, les vignes, les haies. La taille des individus est faible. » (Contributions à la faune malacologique du Puy-de-Dôme, *in : Journal de Conchyliologie*, 1885, p. 305).

cultivé et non pas que l'*H. cespitum* ne vit que là où l'olivier lui-même peut vivre. C'est ainsi que l'on trouve la *cespitum* jusqu'à 1000 mètres d'altitude, dans le massif de la Sainte-Baume, et sur la montagne de Sainte-Victoire, tandis que l'olivier s'arrête à une altitude bien moindre, 400 à 500 mètres au plus, dans le voisinage de ces deux petits massifs montagneux. Peut-être même l'*H. cespitum* vit-elle bien au delà de 1000 mètres, sur le flanc méridionnal du Ventoux. Nous avons là un bon exemple d'un fait très important, sur lequel nous aurons l'occasion de revenir : la très grande imdépendance, vis-à-vis des conditions climatériques du milieu, de certaines espèces dont le domaine est néanmoins très nettement délimité, géographiquement.

En dehors de la France, je ne puis donner que des indications très vagues sur le domaine de l'*H. cespitum*. Cette espèce étant très polymorphe, et ses différentes variétés étant très souvent localisées dans de petites régions, la carte de son domaine ne pourrait être établie, en toute rigueur, que par des explorations méthodiques, très minutieuses, et en procédant pas à pas, pour ainsi dire, à travers l'Italie, la Sicile, la Tunisie, l'Algérie, le Maroc, l'Espagne et le Portugal. Je crois qu'elle est répandue dans tous ces pays, mais que ses différentes variétés y ont reçu une cinquantaine de noms différents, en outre des 21 énumérés précédemment, pour les variétés constatées en France.

Arrivons enfin au fait particulier que j'ai principalement à signaler, concernant le polymorphisme de l'*H. cespitum*. En Provence, dans une petite région bien distincte depuis Saint-Nazaire jusqu'à Hyères (et peut-être même jusqu'à Fréjus et Cannes), et en arrière de cette portion du littoral jusqu'à une assez grande distance de la mer, le mode *microporus* (ombilic étroit ou très étroit) domine au point qu'il est presque impossible de trouver des individus ayant l'ombilic aussi élargi que celui des *cespitum* ordinaires du bassin du Lar, des Alpines, du Luberon, ou du reste de la côte provençale, de Saint-Cyr (Var) au golfe de Fos, et de Cannes à la rivière de Gênes.

Voici les stations où j'ai récolté des *cespitum*, de part et d'autre de la « frontière du mode *microporus* ».

A Ollioules, Saint-Nazaire, les Lèques, Six-Fours, Hyères, et Carnoules, tous les ombilics sont très resserrés. Dans les gorges d'Ollioules, et sur le sentier qui monte à Evenos on rencontre surtout des *arenarum* ; mais en arrivant à Evenos (400 mètres d'altitude environ), les *cespitum* commencent à prendre une autre tournure ; quelques coquilles d'Evenos adressées à Bourguignat m'ont été nommées par lui : « *arenivaga* type », « *arenivaga* var. *conoidea* » (identique à la *Hanryi* du frère Florence), et « Adolfi »; cette dernière a déjà l'ombilic bien plus ouvert.

Au Luc, d'après le frère Florence, les *cespitum* à ombilic étroit sont encore dominantes, puisqu'il indique comme très communes ses *H. Terveri, Luci, adolia* et *maristorum*, qui sont toutes à « perforation » plus ou moins étroite.

Dans les massifs des Maures et de l'Esterel, le sol n'étant plus calcaire, les mollusques testacés sont fort rares. Toutefois, j'ai pu trouver, non sans peine, à l'est de la grande plage de Cavalaire, c'est-à-dire vers le point de la côte le plus rapproché de la station de chemin de fer de la Croix-de-Cavalaire, deux coquilles vides de *cespitum*, presque méconnaissables à cause de leur forme globuleuse et de la minceur du test; chez ces *cespitum* également, l'ombilic était très étroit.

Mais, dès qu'on a dépassé l'Esterel, on retrouve la *cespitum* ordinaire, à grand ombilic. J'ai reçu de nombreux envois de coquilles provenant des environs de Grasse, Cannes et Nice, récoltées par M. le DGuébhard; ces envois ne renfermaient que la *cespitum* ordinaire. J'ai moi-même récolté la *cespitum* à Monaco, à Menton, à Sainte-Agnès (Alpes-Maritimes), et plus loin, dans la rivière de Gênes, à Albenga et à Finalmarino ; partout les ombilics étaient grands, ou tout au moins moyens, jamais petits.

A l'ouest, j'ai récolté l'*H. cespitum* ordinaire à la Cadière (Var) ; encore plus à l'ouest, aux environs de Marseille, on trouve la curieuse *Marioniana*, variété fort singulière, à ombilic très large, et dont le test blanc mat, rayé ou ponctué de noir foncé, a une physionomie toute spéciale.

Au nord-ouest, enfin, le massif de la Sainte-Baume, que j'ai maintes fois parcouru, semble être encore un peu, comme à Evenos, sous l'influence du mode *microporus;* mais les ombilics larges sont déjà bien moins rares. Et lorsqu'on arrive dans la vallée du Lar, on retrouve le *cespitum* ordinaire, semblable à celle de Nice et de Menton, ou à celle des Alpines et du Luberon.

La région que je viens de circonscrire pourrait s'appeler le domaine de la *Terveri*, mais en comprenant ce mot d'une tout autre façon que Michaud et Terver, et d'une tout autre façon aussi que Bourguignat. Ce serait un nom de race, et il faudrait définir : sont de la race *Terveri* toutes les *Helix cespitum*, à ombilic plus ou moins étroit, qu'on rencontre dans une petite portion de la Provence, dont Hyères est à peu près le centre, et qui s'étend autour de cette ville dans un rayon de 30 à 50 kilomètres, environ. Ce serait une définition géographique, tout autant que morphologique, définition qui rappelle absolument celle qu'on est conduit à donner pour les différentes races humaines, ou pour les différentes races de nos animaux domestiques (1).

(1) Ces dernières sont appelées « espèces » par M. G. Sanson *Traité de Zootechnie*, 1888, 3ᵉ édition, t. II), qui distingue huit espèces de chevaux, douze de bovidés, onze de moutons, trois de chèvres et trois de cochons.

Malgré la localisation si curieuse que je viens de signaler, il est bien certain qu'on ne peut faire de ces hélices à petit ombilic de Hyères, Toulon, Saint-Nazaire, etc., une espèce différente de l'*H. cespitum*. Il est bon d'insister sur ce point. La raison en est que, si on part des régions où les colonies de *cespitum* sont entièrement constituées par des *cespitum* types, pour se rapprocher du centre de la petite région considérée où tous les individus de chaque colonie sont à ombilic étroit *(arenarum, Terveri, Luci*, etc., des auteurs modernes), on voit peu à peu, progressivement, les individus à ombilic étroit devenir de plus en plus nombreux et avoir leur ombilic de plus en plus resserré, sans que dans aucune colonie on puisse rencontrer les deux formes *(microporus* et *macroporus) vivant ensemble sans intermédiaires*, ou même sans que, à aucun moment, après une colonie uniquement formée de sujets *macroporus*, on trouve la colonie suivante uniquement formée de sujets *microporus*. Toutefois, ce dernier cas pourrait se présenter peut-être si on suivait un itinéraire tel qu'on eût à traverser une région limitrophe du « domaine du mode *microporus* », et dans laquelle l'*H. cespitum* ferait défaut. Tel serait le cas, probablement, d'un itinéraire traversant l'Esterel, où vraisemblablement l'*H. cespitum* est fort rare, sinon absente.

Mais, en tout cas, voici un itinéraire que je puis indiquer et sur lequel on peut saisir le changement lent et progressif de la physionomie de l'*H. cespitum*, sans cesser jamais de rencontrer cette espèce, tous les cent mètres pour ainsi dire. Chaque « station » de cet itinéraire est une station d'*H. cespitum* que j'ai constatée moi-même et dont j'ai, en collection, un certain nombre de sujets. Le point de départ est le Défends, à Rousset (Bouches-du-Rhône), où je réside actuellement la majeure partie de l'année ; le point d'arrivée est Six-Fours, près de Toulon.

1. Le Défends, près Rousset (Bouches-du-Rhône).
2. Chemin de Trets à l'ermitage Saint-Jean.
3. Saint-Zacharie (Var).
4. Alentours de l'hôtellerie, à la Sainte-Baume.
5. Sommet du Saint-Pilon.
6. Evenos.
7. Gorges d'Ollioules et Ollioules.
8. Six-Fours (Var).

Entre le sommet du Saint-Pilon et Evenos, l'intervalle est assez grand; mais on découvre du Saint-Pilon cette région déserte, aride et broussailleuse, et quoique je n'aie pas encore pu mettre à exécution le projet, depuis longtemps caressé, de la parcourir, je suis bien certain que l'*H. cespitum* est au nombre des peu nombreuses espèces de mollusques qu'on y rencontre.

Un naturaliste qui ne récolterait l'*H. cespitum* qu'aux deux extrémités de cet itinéraire, ou de tout autre analogue, serait logique en considérant ces coquilles, si différentes d'aspect, comme appartenant à deux espèces distinctes. C'est précisément ce qu'a fait Michaud, lorsqu'il a créé son *H. Terveri*. C'est également ce qu'a fait M. Carlo Pollonera, dans son mémoire de 1893. Pour l'étude de l'*H. cespitum* et de ses formes affines, il nous dit avoir procédé de la façon suivante : « J'ai constitué plusieurs séries de formes, reliant, entre elles et deux à deux, les espèces bien connues; puis j'ai partagé ces colonnes en plusieurs tronçons, *aux endroits où je trouvais une solution de continuité*, qui me semblait causée par des différences morphologiques plus importantes que celles qui proviennent de simples variations individuelles. » Il est résulté de cette méthode, et cela était à prévoir, que pour la portion du domaine de l'*H. cespitum* que M. Pollonera connait à peu près (Provence orientale, Ligurie et Piémont), cet auteur n'a trouvé *que des variétés* (les huit variétés de sa *cespitum)* ; tandis que pour les autres régions, dont il n'a reçu que quelques exemplaires de stations très éloignées les unes des autres, il a fait beaucoup d'espèces ; il n'a pu voir, en d'autres termes, les intermédiaires qui l'auraient obligé, d'après sa méthode, à faire aussi des variétés de ces prétendues espèces (1).

Mais la *solution de continuité* qui justifiait, dans l'esprit de Michaud, la séparation spécifique de l'*H. Terveri* ne résultait que d'une insuffisance de matériaux d'études ; une étude minutieuse, nous venons de le voir, l'étude d'un grand nombre de colonies, dispersées un peu partout en Provence, oblige à modifier la première impression, qui résultait simplement de l'examen comparatif de deux variétés très divergentes. Combien de prétendues espèces devront pareillement passer au rang de simples variétés, lorsqu'on aura pris la peine d'étudier leur distribution géographique ! Et je parle des espèces des vieux auteurs, et non de celles de l'école de Bourguignat, qui, systématiquement, forme 4, 5, 6, et même jusqu'à *huit* « espèces » (je le montrerai au chapitre x), avec les différents individus d'une même espèce *dans une même colonie !*

Au sujet du mode *microporus* de l'*H. cespitum*, je dois dire encore qu'il ne se présente pas uniquement dans la petite région que j'ai définie précédemment (2). Ce mode est un des

---

(1) M. Pollonera distingue quarante formes distinctes, vingt-six espèces et quatorze variétés (dont huit pour l'*H. cespitum*). Sur ces vingt-six espèces, quinze ne sont que des « espèces » créées par d'autres auteurs, et qu'il admet de confiance, sans connaître autre chose, le plus souvent, que les descriptions ou figures originales ; trois sont des noms nouveaux créés pour des figures de la *Terveri* données par Bourguignat, Cafici et Rossmassler ; sept sont des noms nouveaux créés pour des coquilles des collections de Mortillet et Blanc, ou pour des coquilles récoltées par MM. Bavay et Camerano ; enfin la vingt-sixième est l'*H. Lamarmoræ*, coquille « recoltée par Lamarmora en 1824, à Cagliari en Sardaigne » (?). En définitive, le travail pourtant si consciencieux, de M. Pollonera, ne fait que compliquer la question (vingt nouveaux noms !), sans l'éclaircir beaucoup. (Les figures données pour les *H. armoricana* et *introlucta* représentent tout autre chose que ces deux formes si caractérisées).

(2) A Malte, l'*H. cespitum* est aussi à ombilic très resserré ; en outre tout le dessus de la coquille a une allure un peu différente, résultant de ce que la suture est peu profonde, et la convexité de chaque intervalle intersutural très peu prononcée. A cet égard, le dessus de la

éléments du mode *præmaturus*, qu'on rencontre en beaucoup d'autres endroits, et en particulier dans les régions élevées, au sommet de la Sainte-Victoire, par exemple. L'ombilic reste étroit, relativement, parce que la coquille est comme privée d'une partie ou de la totalité de son dernier tour, qui chez l'*H. cespitum* normale, est celui qui s'écarte le plus de l'axe et qui fait paraître l'ombilic évasé. En même temps, la coquille se trouve plus petite, plus globuleuse, et le dernier tour est plus ou moins anguleux à sa naissance, car la coquille de l'*H. cespitum* est fortement carénée pendant son jeune âge. La figure de l'*H. Terveri*, dessinée par Terver, rend parfaitement ces caractères et montre que l'espèce de Michaud a été, en somme, établie d'après un échantillon pour ainsi dire anormal. Toutefois, il faut bien reconnaître que ces caractères en quelque sorte anormaux, sont présentés par tous les individus d'un grand nombre de colonies. En outre de Sainte-Victoire, je citerai aussi la portion montagneuse de l'itinéraire indiqué précédemment, c'est-à-dire de la Sainte-Baume à Evenos. En sorte que, lorsqu'on compare les ombilics des *cespitum* récoltés tout le long de cet itinéraire, il faut tenir compte aussi de ce fait, que le mode *præmaturus* tend à faire paraître l'ombilic plus petit qu'il ne serait si la coquille avait un demi-tour ou un tour de plus. Mais dès qu'on descend d'Evenos à Ollioules, les coquilles redeviennent grosses ou même très grosses; elles n'ont plus trace de carène au commencement du dernier tour, mais celui-ci, bien développé, ne s'écarte guère de l'axe plus que l'avant-dernier; c'est bien alors le mode *microporus* chez un sujet qui n'est pas *præmaturus;* c'est l'*H. arenarum* de Bourguignat, si la coquille est subglobuleuse, et l'*H. Luci* ou l'*H. maristorum*, si la coquille est déprimée.

coquille rappelle celui de l'*Helix pisana*. Cette *H. cespitum* est généralement appelée : *Helix caruanæ* Kobelt, dans les collections.

Avant de terminer ce chapitre je signalerai encore un exemple remarquable de *localisation régionale* d'un caractère. L'*H. arbustorum*, qui est répandue dans toute l'Europe, sauf les péninsules ibérique, italique et hellénique, et que Bourguignat et M. Servain ont démembrée en vingt-sept « espèces » (1), présente, dans une petite région, tout autour du mont Viso, le mode *depressus* excessivement localisé : c'est l'*H. Repellini* de Charpentier. « Cette forme, très distincte de la précédente, parait spéciale aux Alpes dauphinoises » (2). On ne saurait invoquer l'influence de l'altitude dans ce cas : car s'il est vrai qu'on voit la coquille de l'*H. arbustorum* devenir de plus en plus déprimée, devenir *Repellini*, lorsqu'on approche du sommet des Alpes, *dans le Haut-Dauphiné*, tout au contraire on voit la coquille devenir de plus en plus globuleuse, devenir *alpicola*, lorsqu'on s'élève vers la ligne de faite, *dans la Savoie*. Mais je ne puis donner, sur le domaine du mode *depressus* de l'*arbustorum*, des renseignements aussi détaillés que pour le mode *microporus* de la *cespitum* ; je ne connais l'*H. Repellini* que pour l'avoir récoltée en divers endroits du Haut-Queyras, et d'autant plus caractérisée, d'autant plus *Repellini*, que l'altitude était plus grande ; mais je n'ai pas exploré encore les régions voisines, l'Ubaye, le Briançonnais, etc.

En résumé, quand on considère une espèce très polymorphe, les différents modes d'un caractère variable ne sont pas, en général, également répartis dans toute l'étendue du domaine de cette espèce. Quelquefois, certain mode, qui caractérise alors une variété dite rare, est localisé dans certaines stations très peu nombreuses, et en dehors desquelles on ne le rencontre plus. D'autres fois, au contraire, certain mode se rencontre dans une portion particulière, plus ou moins grande,

---

(1) *Bulletin Soc. malac. de France*, 1889, p. 363 à 411.
(2) *Loc. cit.*, p. 401.

du domaine de l'espèce. Tantôt alors, il n'affecte, dans cette province qui lui est spéciale, qu'une partie seulement des individus (une portion plus ou moins grande des individus de chaque colonie, parfois aucun, parfois tous) ; tantôt encore, il affecte, dans cette province, tous ou à peu près tous les individus de toutes les colonies.

CHAPITRE VIII

POLYMORPHISME POLYTAXIQUE

Jusqu'ici nous avons passé en revue plusieurs espèces polymorphes, mais à polymorphisme diffus ; en d'autres termes, on pouvait observer tous les intermédiaires entre les différentes variations, entre les divers modes, que ces espèces présentaient. Je vais aborder maintenant l'étude du polymorphisme *polytaxique*, lequel est beaucoup plus rare, chez les mollusques, ou du moins plus difficile à distinguer (1).

(1) J'ai déjà publié quelques observations, relativement au polymorphisme polytaxique, dans deux notes récentes : *Première note sur le polymorphisme des végétaux*, 1893, in : Ann. Soc. Bot. de Lyon, t. XVIII, p. 163; *Sur le croisement des différentes races ou variétés de vers à soie*, 1893 in : Bulletin des travaux du Laboratoire d'Etudes de la soie, en 1892 et 1893, p. 45. — Mais jusqu'à ce jour j'avais essayé de me dispenser de créer des noms nouveaux, et j'avais appelé « polymorphisme condensé », par opposition à « polymorphisme diffus », ce que j'appellerai dorénavant « polymorphisme *polytaxique*. » La nécessité de noms nouveaux, tels que *taxie*, *polytaxie*, *polytaxique* (de τάξις, arrangement), résulte de mes recherches sur le polymorphisme des vers à soie, ainsi que je le montrerai prochainement. M. Edmond Perrier (*Traité de zoologie*, fascicule II. 1893, p. 434) a proposé d'appeler *ditaxisme* la particularité que présentent les coquilles de foraminifères, chez lesquelles « l'arrangement des loges, après s'être effectué suivant une loi déterminée, s'effectue ensuite suivant une loi différente. » Il ne me semble pas absolument indispensable d'adopter une désignation spéciale pour cette particularité de structure, même en l'envisageant chez tous les animaux à coquille spiralée (mollusques céphalopodes et gastéropodes, etc.); et d'autre part, il importe peut-être de réserver, comme je propose de le faire, cette série de noms nouveaux, dérivés du mot τάξις pour les phénomènes bien plus généraux que révèle l'étude attentive du polymorphisme, phénomènes qu'il importe essentiellement de bien distinguer, et dès lors de désigner par des noms spéciaux à sens bien déterminé par des conventions précises.

Ce sont encore les *H. nemoralis* et *hortensis* qui vont nous servir d'exemple dans ce cas. Ces deux hélices ont leur coquille ornée d'un certain nombre de bandes colorées, nombre variant de 0 à 5. Quelle est la disposition de ces bandes, quelles sont les lois des combinaisons qu'elles présentent? C'est ce qu'il nous faut examiner en détail.

Si on considère une coquille de *nemoralis* à cinq bandes, on remarque, en descendant sur la convexité du dernier tour, depuis la suture jusqu'à l'ombilic, d'abord trois bandes étroites, à peu près d'égale largeur, et à peu près équidistantes ; puis, après un intervalle un peu plus grand, deux autres bandes plus larges que les trois premières. On est convenu, depuis Moquin-Tandon, qui a, je crois, le premier proposé cette notation (1), de désigner successivement par les chiffres 1, 2, 3, 4 et 5, ces cinq bandes colorées, et de représenter par des formules très simples, telles que : 123/45, 103/45, 020/45, etc., les combinaisons que peuvent présenter chaque coquille.

Moquin-Tandon avait en outre cru devoir attribuer des noms spéciaux à un certain nombre des variétés principales, et il a donné une liste de 77 noms, tels que *Kleinia*, *Lamarckia*, *Gmelinia*, *Souleyetia*, etc. M. Locard (2) a de même décrit un certain nombre de ces variétés, sous les noms de *Bourguignatia*, *Falsania*, *Lortetia*, *Chantrea*, etc., et sa liste comprend 99 variétés. Il est à peine besoin de faire remarquer que de pareilles listes de noms ne sont pas de grande utilité, et qu'elles peuvent, au contraire, nuire à l'étude sérieuse des lois de la variabilité spécifique.

Il est facile de voir que les cinq bandes pourraient présenter, par leur présence ou leur absence, *trente-deux* combinaisons, savoir : une à cinq bandes, cinq à quatre bandes, dix

---

(1) *Hist. nat. moll. France*, 1855, t. I, p. 294.
(2) *Variations malacologiques*, 1881, t. I, p. 174.

	HELIX NEMORALIS			HELIX HORTENSIS		
	M	L	C	M	L	C
123/45	o o o	o o o	o o o	o o o	o o o	o o o
023/45	o o	o o	o	o o	o	. . . .
103/45	o o	o o	o	o o	o o	o
120/45	o	o o	o	. . . .	o o	. . . .
123/05						
123/40	. . . .	. . . .	. . . .	. . . .	o o	. . . .
003/45	o o	o o o	o	o o	o o	. . . .
100/45	. . . .	o	o	. . . .	o	. . . .
120/05						
123/00	. . . .	o	. . . .	. . . .	o	. . . .
020/45	. . . .	o (?)	. . . .	. . . .	. . . .	. . . .
103/05	. . . .	o (f)	o	o	o o	o
120/40						
023/05						
103/40	. . . .	o (?)	. . . .	. . . .	. . . .	. . . .
023/40						
120/00						
023/00	. . . .	o (?)	. . . .	. . . .	. . . .	. . . .
003/40	o	o	. . . .	. . . .	o	. . . .
000/45	o o	o o	o	o	. . . .	. . . .
103/00	. . . .	o o	. . . .	. . . .	o	o
020/40						
003/05	o	o o	o	o	o	. . . .
100/40	. . . .	. . . .	. . . .	. . . .	o (?)	. . . .
020/05						
100/05	. . . .	o	. . . .	. . . .	o	o
000/05	o	o o	o	o	o o	. . . .
000/40	. . . .	. . . .	. . . .	o (?)	. . . .	. . . .
003/00	o o	o o o	o	o o	o o	o
020/00						
100/00						
000/00	o o o	o o o	o o o	o o o	o o o	o o o

à trois bandes, dix à deux bandes, cinq à une bande, et une sans bande. Ces 32 combinaisons sont indiquées dans le tableau ci-joint, dans lequel j'ai cherché à représenter le degré de fréquence de chacune d'elles. Les colonnes 1, 2, et 3 sont relatives à l'*H. nemoralis*, les colonnes 4, 5 et 6, à l'*H. hortensis*. Les petits cercles o indiquent que la combinaison a été observée par les malacologistes M (Moquin-Tandon), L (M. Locard), et C (moi-même); un second cercle indique que la combinaison a été notée comme fréquente, et un troisième cercle, comme très fréquente. Le signe *f* indique une combinaison signalée seulement à l'état fossile par M. Locard, et les points de doute, les combinaisons qui n'ont été signalées qu'une seule fois, et par un seul auteur.

Nous voyons que *certaines combinaisons sont fréquentes, d'autres au contraire ne se rencontrent jamais*. Entre le mode *unicolor* et le mode *quinquefasciatus*, tous les intermédiaires c'est-à-dire les trente combinaisons possibles, ne se présentent donc pas indifféremment : un certain nombre de ces intermédiaires n'existent pas. On peut donc bien dire qu'il y a là une véritable polytaxie du polymorphisme, le propre du polymorphisme diffus étant au contraire que tous les intermédiaires entre les deux extrêmes peuvent être observés, tels que ceux entre les modes *major* et *minor*, *depressus* et *globusus*, *pellucidus* et *crassus*, etc.

Et même, le fait que les différentes bandes colorées, lorsqu'elles existent, occupent chacune leur place particulière, toujours la même, est déjà l'indice d'une première condensation du polymorphisme en taxies différentes. Il n'y aurait de véritable polymorphisme diffus, que si, en outre des 30 combinaisons possibles entre le mode *unicolor* sans bandes, et le mode *fasciatus* à cinq bandes, on observait encore que ces bandes en nombre variable, pouvaient varier, non seulement d'importance, comme elles font en réalité, mais encore de position, *ce qu'elles ne font pas.*

En d'autres termes, les cinq glandes chromigènes des *Helix nemoralis* et *hortensis* sont des organes qui présentent les deux particularités suivantes : 1° elles peuvent être plus ou moins développées, quelquefois confluentes (var. *coalita* de Moquin-Tandon), d'autres fois toutes atrophiées (var. *unicolor* sans bandes), *mais, lorsqu'elles existent, elles occupent toujours la même place*, premier fait de condensation du polymorphisme; 2° lorsqu'une partie de ces cinq glandes est atrophiée, ce n'est pas indifféremment l'une ou l'autre qui disparait, et *toutes les trente-deux combinaisons imaginables ne sont pas réalisées*, deuxième fait de condensation du polymorphisme.

On rencontre, mais très rarement, des coquilles *à six bandes* (ver. *sexfasciata* de Moquin-Tandon). Ce fait n'infirme en rien les conclusions précédentes : le dédoublement d'une des cinq bandes est un phénomène tellement exceptionnel, qu'il peut être qualifié de monstrueux. Chez les *H. nemoralis* et *hortensis* les coquilles à six bandes sont peut-être encore plus rares que les coquilles senestres.

Il est à remarquer que les *H. nemoralis* et *hortensis* présentent à peu près les mêmes particularités, au point de vue de la disposition des bandes colorées, et au point de vue des combinaisons différentes qu'offrent ces bandes, lorsque quelques-unes manquent (1). On peut donc supposer que la « condensation du polymorphisme ornemental » de ces deux espèces s'est produite antérieurement à leur disjonction. En

---

(1) Toutefois il convient de rappeler que Moquin-Tandon distinguait les *H. nemoralis* et *hortensis* uniquement d'après la couleur du péristome; pour M. Locard la séparation de ces deux espèces « ne peut être absolument basée que sur leur différence de taille » (*Variations malacologiques*, 1881, t. I, p. 182); et quant à moi, j'ai indiqué au chapitre VI, ma façon bien moins simple, mais plus juste je crois, de comprendre les limites de ces deux espèces. Les colonnes du tableau précédent ne sont donc pas exactement comparables, puisque chacun des naturalistes cités a pu déterminer *hortensis* ce que l'un des deux autres aurait déterminé *nemoralis*, ou inversement.

d'autres termes, lorsque ces deux hélices n'étaient qu'une seule et même espèce, leur ancêtre commun présentait vraisemblablement déjà les mêmes particularités ornementales : cinq bandes colorées, occupant toujours la même place, et lorsqu'elles disparaissent, ne présentant au plus que vingt combinaisons sur les trente imaginables. De même aussi, on peut vraisemblablement supposer que l'*H. sylvatica* s'est spécialisée (est devenue une espèce distincte) à une époque bien antérieure à la disjonction des *H. nemoralis* et *hortensis*, car, en outre d'autres indices, ses glandes chromigènes obéissent à d'autres traditions que celles qui régissent le polymorphisme ornemental des *H. nemoralis* et *hortensis*. Le nombre des combinaisons qu'elle présente, parmi les trente-deux possibles, est encore plus restreint; en outre de 123/45 qui est la taxie plus commune (à bandes continues ou à bandes ponctuées), on rencontre quelquefois 003/45, et très rarement 003/40 et 100/05. *Quatre* taxies seulement au lieu de *vingt-deux*, sur les *trente-deux* imaginables.

Peut-être le lecteur ne voit-il pas, au premier abord, l'utilité ou l'intérêt de l'analyse que je viens de faire. Mais il faut remarquer que la condensation du polymorphisme diffus peut être considérée comme une cause d'erreurs dans la distinction des espèces, et aussi comme un des modes possibles de la disjonction, c'est-à-dire de la genèse des espèces. Supposons une hélice ayant seulement deux bandes colorées et présentant les mêmes phénomènes que nous venons d'observer chez les *H. nemoralis*, *hortensis* et *sylvatica*. Cette hélice pourra présenter les quatre seules taxies : 1/2, 1/0, 0/2, et 0/0. Si une ou deux de ces combinaisons ne se présente jamais, *il restera deux ou trois taxies très distinctes, sans aucun intermédiaire ;* ne sera-t-on pas porté à faire deux ou trois espèces distinctes de ces taxies? N'y aurait-il pas, parmi les mollusques terrestres si variés des îles tropicales, bien des prétendues espèces, ne différant que par des caractères d'ornementation très analogues à ceux que présentent les différentes variétés de l'*H. nemoralis*, et qu'une étude plus sérieuse obligerait à regarder comme les différentes taxies d'un nombre plus restreint de véritables espèces?

D'autre part, deux taxies d'une même espèce, les taxies 0/2 et 1/0 par exemple de notre hélice hypothétique à deux bandes colorées, peuvent se trouver localisées, l'une dans une station A, l'autre dans une station B; c'est-à-dire que la première serait très commune et la seconde très rare dans la station A, et qu'inversement la seconde serait très commune et la première très rare dans la station B. Si ces deux stations se trouvent disjointes par un phénomène géologique quelconque, ne pourra-t-il pas arriver que par élimination des quelques sujets exceptionnels de chaque station, sous l'influence prédominante des sujets les plus nombreux, ces deux stations soient en définitive habitées chacune par une forme distincte, et sans qu'il reste trace de l'ancienne parenté de ces deux formes, de ces deux *espèces* par conséquent? C'est ainsi qu'on peut fort bien concevoir la disjonction de l'*H. sylvatica*, qui, à une époque très ancienne, miocène ou même éocène, a pu se séparer de l'ancêtre commun des *Tachea* et acquérir par segrégation, dans quelque région isolée, tous ses caractères spéciaux, y compris les particularités que nous a présenté le polymorphisme ornemental de sa coquille. Ne pourrait-on pas aussi expliquer de la sorte, au moins partiellement, ce phénomène si singulier que nous présente la faune malacologique terrestre de certains archipels, tels que les Antilles, dont chaque île a pour ainsi dire ses espèces distinctes, assez analogues, mais bien distinctes, néanmoins des espèces des îles voisines (1)?

(1) Il est probable que les choses se sont passées de la sorte bien souvent pour cet autre caractère polytaxique dont nous avons déjà dit un mot : le sens de l'enroulement de la

La localisation de pareilles variétés n'est pas d'ailleurs une supposition gratuite. La combinaison 100/05, inconnue de Moquin-Tandon, n'a été signalée par M. Locard que des bords du Rhône à Feyzin et Vernaison, un peu en aval de Lyon *(nemoralis* var. *Jarsia,* et *hortensis* var. *Mayeria)*; et moi-même je n'ai récolté cette combinaison que dans ces mêmes parages, dans l'île Jaricot, où elle était relativement commune.

Les caractères tirés de la couleur des coquilles, et en particulier du nombre, de la nuance et de la disposition des bandes colorées, sont considérés quelquefois, mais bien à tort selon moi, comme des caractères sans importance. En somme, il en est de ces caractères comme de tous les autres : importants lorsqu'ils sont très fixes, et peu importants lorsqu'ils sont variables. L'adage linnéen : *nimium ne crede colori,* ne doit s'appliquer qu'aux groupes d'ordre supérieur, genres, familles, ordres, etc.; dans le cas des espèces, la couleur est souvent un excellent caractère. Certains genres, même, présentent ce fait singulier que les caractères tirés de la coloration sont plus fixes, plus importants, pourrait-on dire dès lors, que ceux tirés de la grandeur, de la forme et de l'ornementation sculpturale de la coquille. Les espèces exotiques du genre *Phasianella* ne présentent-elles pas toutes un décor rouge, sinon identique, du moins à nuances et à dessins très analogues, de même style pourrait-on dire, que celui de la *Phasianella pulla* de nos côtes de France? Les néritines de tous les pays du globe, de grosseurs et de formes si différentes, à coquilles tantôt lisses, tantôt ornées de

---

coquille, et la disposition corrélative, dextre ou senestre, des organes de l'animal. Il est remarquable, en effet, que tous les genres qui possèdent à la fois des espèces à enroulement toujours dextre, et des espèces à enroulement toujours senestre, sont précisément ceux-là même qui possèdent quelques espèces à enroulement indifférent. Plusieurs espèces à enroulement invariable n'ont-elles pas dû dériver d'ancêtres à enroulement indifférent, soit par disjonction des deux formes, soit par extinction de l'une d'elles?

saillies, de tubercules, ou même de véritables épines, ne sont-elles pas toutes à épiderme nuancé, soit, le plus généralement, de vert olive, avec zébrures ou mouchetures plus foncées ou plus claires, soit quelquefois de violet, absolument comme les différentes variétés de notre *Neritina fluviatilis* d'Europe?

Quelque importants que soient, parfois, les caractères tirés de l'ornementation *picturale* des coquilles, ces caractèrent résistent en général assez peu à la fossilisation; en sorte que, pour les fossiles, on en est réduit, le plus souvent, à l'étude des seuls caractères tirés de l'ornementation *sculpturale*. Mais il y aurait lieu de rechercher si les phénomènes que nous ont présentés les bandes colorées des *H. nemoralis hortensis* et *sylvatica* ne pourraient pas se retrouver chez les espèces dont la coquille est ornée de filets carénants, de nodosités, d'épines, en un mot de saillies quelconques, disposées en lignes spirales. Je citerai par exemple les *Melania, Pyrgula, Paludina, Cerithium, Triforis, Potamides, Turitella, Trochus*, etc., etc. On voit par cette simple remarque, tout l'intérêt que pourrait acquérir, peut-être, l'étude de ces phénomènes si curieux de polymorphisme polytaxique.

CHAPITRE IX

PSEUDANODONTES

Me voici arrivé à la partie la plus difficile de ma tâche : rendre compte exactement du polymorphisme des espèces françaises des genres *Anodonta, Pseudanodonta, Margaritana* et *Unio*. J'ai été moi-même bien longtemps sans discerner aucune méthode rationnelle pour la classification de ces genres difficiles. J'étais attiré d'ailleurs par cette difficulté même, et j'ai tout spécialement cherché à me procurer de nombreux matériaux pour cette étude. J'ai actuellement en collection, *récoltés par moi-même*, un peu plus de deux mille bivalves, parmi lesquels plusieurs séries intéressantes, représentant très exactement les populations de quelques colonies que j'ai plus spécialement étudiées.

La difficulté que présente l'étude des Unionidées ne réside pas dans la recherche, l'examen ou la synthèse des faits que la classification doit coordonner, mais bien plutôt dans le fait qu'on aborde en général cette étude avec l'esprit imbu d'idées fausses, transmises par les auteurs qui ont jusqu'à ce jour traité de la spécification de ces mollusques ; il est bien difficile ensuite de se débarrasser de ces idées préconçues, qui sont un obstacle presque insurmontable à une saine appréciation des faits. Tous ces auteurs, en effet, classent les Unionidées en espèces d'après les caractères de la forme extérieure de la coquille, et principalement d'après le contour apparent de celle-ci, vue de profil. On en arrive, à pareille école, à donner une importance exagérée à ce caractère, et à ne plus voir que lui. Or, comme je vais le montrer, on ne saurait trop critiquer cette méthode, car rien n'est moins fixe, dans chaque espèce, et même dans chaque colonie, que le profil de la coquille, et c'est avec la plus extrême prudence qu'il faut user de ce caractère si variable.

Voici, tout d'abord, les définitions d'une trentaine de termes latins, qui me serviront à exprimer d'une façon précise, et concise, les différents caractères que peuvent présenter, sous le rapport de la forme, les coquilles des Unionidées. Je distinguerai neuf caractères indépendants.

1° *Bord inférieur*. Il peut être à courbure très prononcée, et à peu près constante *(lunatus*, en forme de croissant), ou à courbure nulle sur une portion assez longue *(naviformis*, en forme de quille de bateau), ou sinueuse *(sinuatus)*. Les modes *sublunatus* et *subsinuatus* sont des atténuations des deux extrêmes, soit en tout cinq modes distincts.

Pour l'étude, je suppose le bivalve placé dans sa position naturelle de *marche* sur un fond sableux (au repos sa position est tout autre), c'est-à-dire le bord inférieur horizontal. Dans le cas où ce bord inférieur présente une direction nette, c'est-à-dire dans les modes *naviformis*, *subsinuatus* et *sinuatus*, il n'y a pas de difficulté; dans le cas des modes *sublunatus* et *lunatus*, il suffit de placer la coquille de telle sorte que le plus grand diamètre (1) soit horizontal.

2° *Bord supérieur*. La coquille étant placée comme je viens de le dire, le bord supérieur, c'est-à-dire la région ligamentaire (de l'extrémité antérieure du ligament antérieur à l'extrémité postérieure du ligament postérieur) peut être arqué (mode *arcuatus)* ou droit. Dans ce dernier cas il peut être horizontal *(parallelus*, les bords inférieur et supérieur parallèles), ou incliné en avant *(obliquus)*.

3° *Allongement de la coquille*. Le rapport de la hauteur à la longueur peut varier beaucoup, et la coquille paraîtra soit allongée, soit écourtée; ce sont les modes *elongatus* et *elatus*; comme mode intermédiaire, *modicus*.

4° *Rostre*. Nous appellerons rostre l'extrémité antérieure du ligament antérieur; en ce point du profil de la coquille, il y a souvent une saillie, un angle (2); alors nous aurons les modes *rostratus* ou *subrostratus;* l'absence de rostre saillant sera définie par l'épithète *curvirostratus*.

---

(1) En étendant un peu le sens du mot diamètre, qui, à proprement parler, ne peut s'appliquer qu'à une figure centrée, ce qui n'est pas le cas, en général, pour le contour des unionidées.

(2) Nous appellerons *angle* le point où le profil est anguleux. Ce n'est pas là le sens géométrique ordinaire du mot, mais c'est déjà dans ce sens qu'il est employé le plus souvent dans le langage vulgaire.

5° *Angle postéro-dorsal* (1). A l'extrémité postérieure du ligament postérieur le profil présente souvent un angle plus ou moins accusé (*angulatus* et *subangulatus*); l'absence complète d'angle postéro-dorsal sera définie par l'épithète *attenuatus*.

Remarquons en passant que les saillies du rostre et de l'angle postéro-dorsal sont en général très accusées chez les jeunes, et diminuent progressivement à mesure que la coquille grandit.

6° *Position du sommet.* Le sommet, c'est-à-dire le point du contour où se trouve la coquille embryonnaire, peut être plus ou moins porté en avant. Lorsqu'on place la coquille d'après la méthode de Bourguignat (la normale au profil, vers le sommet, verticale), suivant la position plus ou moins antérieure du sommet, la coquille se présente d'une façon absolument différente. Cette méthode a justement l'inconvénient de donner une importance trop grande à ce caractère, et dans le cas où le sommet est très antérieur, de faire figurer la coquille dans une position extrêmement inclinée (2).

Le mode *prolatus* correspondra à un sommet plus antérieur que le mode *vulgaris ;* et le mode *retrocessus* au contraire à un sommet reporté plus en arrière.

7° *Convexité des valves* (3). Les valves peuvent être presque planes (*complanatus*) ou au contraire très convexes (*convexus*). Les deux intermédiaires *subcomplanatus* et *subconvexus* ne sont pas de trop pour noter les différences si considérables que peut présenter ce caractère.

---

(1) L'expression « rostre postérieur » me semble devoir être rejetée ; ces deux mots ne sont pas faits pour aller ensemble.
(2) Voir, par exemple, les figures 272, 273, 276 et 277, de l'ouvrage récent de M. Locard (*Les coquilles des eaux douces et saumâtres de France*). C'est en 1880 (*Matériaux moll. acéphales*, p. 6) que Bourguignat a proposé sa méthode de description des acéphales.
(3) Le mot *convexe* ne peut se rapporter qu'à une surface; c'est donc un abus de dire, comme on le voit si souvent : bord palléal très convexe, bord supérieur moyennement convexe, etc.

8° *Épaisseur du test*. Les modes *crassus* et *tenuis* se raportent à l'épaisseur du test, qui est soit plus grande, soit plus petite, que dans le mode *solidus*.

9° Enfin, les différences de taille seront suffisamment exprimées par les trois épithètes : *major*, *medius* et *minor*.

Ainsi, neuf séries de caractères nous fournissent un ensemble de *trente* modes :

1° Bord inférieur : *lunatus*, *sublunatus*, *naviformis*, *subsinuatus*, *sinuatus*.
2° Bord supérieur : *arcuatus*, *paralellus*, *obliquus*.
3° Allongement de la coquille : *elongatus*, *modicus*, *elatus*.
4° Rostre : *rostratus*, *subrostratus*, *curvirostris*.
5° Angle postéro-dorsal : *angulatus*, *subangulatus*, *attenuatus*.
6° Position du sommet : *prolatus*, *vulgaris*, *retrocessus*.
7° Convexité des valves : *complanatus*, *subcomplanatus*, *subconvexus*, *convexus*.
8° Épaisseur du test : *crassus*, *solidus*, *tenuis*.
9° Grandeur relative de l'adulte : *major*, *medius*, *minor*.

J'appellerai en outre *normale* (mode *normalis*) et non typique, la forme pour ainsi dire moyenne, autour de laquelle oscillent les différents caractères, soit d'une colonie, soit d'une espèce. Je conserverai au mot *type* son sens ordinaire de : coquille ayant servi à établir une diagnose ou une description, et nous dirons par exemple, que telle coquille est bien typique, lorsque nous voudrons exprimer qu'elle est presque identique au type. Quant à affirmer qu'un échantillon représente le mode *normalis* d'une espèce, ce ne peut être que le résultat d'un travail de synthèse considérable (1); il faut pour cela comparer un grand nombre d'individus, provenant eux-mêmes d'un grand nombre de stations diffé-

---

(1) « Que d'observations sont nécessaires pour donner la notion vraie du type autour duquel oscillent, pour ainsi dire, toutes les variations individuelles! » (Is. Geoffroy Saint-Hilaire, *Hist. gén. des règnes organiques*, I, p. 364).

rentes, et déterminer les limites entre lesquelles varie chaque caractère. En d'autres termes, tandis que rien n'est plus facile que de reconnaître si une coquille est plus ou moins typique, c'est au contraire une affaire d'appréciation très délicate, et très laborieuse, que de rechercher le mode *normalis* de chaque espèce polymorphe.

Les neuf séries de modes que je viens de définir sont parfaitement indépendantes les unes des autres; chacun des 5 modes relatifs à la forme du bord inférieur peut se combiner avec chacun des 3 modes relatifs à la forme du bord supérieur, ce qui fait 15 combinaisons; chacune de ces 15 combinaisons peut elle-même se combiner avec chacun des 3 modes relatifs à l'allongement de la coquille, et ainsi de suite. C'est donc, en définitive, un nombre total de 43 740 formes, qui, toutes, peuvent être rigoureusement définies par une liste de neuf épithètes.

Pour simplifier un peu, on peut attribuer seulement 3 modes distincts à chacun des 9 caractères. Le nombre des combinaisons sera alors 19 683 (3 puissance 9), et ces 19 683 formes n'exigeraient plus que *vingt-sept* épithètes différentes, pour que toutes fussent désignées distinctement. On pourrait même représenter par les 9 premières lettres de l'alphabet chacun des 9 caractères, et par les indices 1, 2 et 3, chacun des 3 modes dont est susceptible chaque caractère. Chacune des 19 683 variétés pourrait donc être représentée par une formule telle que : $a_1\ b_2\ c_3\ d_1\ e_1\ f_3\ g_2\ h_2\ i_2$, ou même, en faisant abstraction des lettres, la place des indices suffisant à les rappeler, par une formule telle que : 123113222. Chaque variété serait alors représentée par un des « arrangements neuf à neuf des trois chiffres 1, 2 et 3, chacun de ces trois chiffres pouvant être répété jusqu'à neuf fois ».

Je ne prétends pas, bien entendu, que toutes les espèces d'unionidées présentent un tel nombre de variétés discernables, 43 740 ou 19 683. Pourtant, ce serait presque vrai pour quelques-unes; par exemple, la *Pseudanodonta occidentalis*, que je définirai tout à l'heure, peut présenter tous les modes de notre tableau (p. 116), sauf *subsinuatus, sinuatus, convexus* et *crassus*; il resterait, dans ce cas, 26 modes, présentant entre eux 19 122 combinaisons *imaginables*. Or, tel est le polymorphisme de cette espèce, que j'estime, en toute conscience, qu'elle pourrait, à qui aurait la très inutile patience de collectionner ces variétés, fournir la série complète de ces 19 122 formes.

Ces définitions et observations préliminaires une fois données, nous examinerons dans ce chapitre les Pseudanodontes. Les matériaux dont j'ai disposé pour cette étude sont les suivants :

1° Une quarantaine d'échantillons récoltés par moi dans la Saône, à Auxonne (Côte-d'Or).

2° Toutes les pseudanodontes de la collection de M. Locard. J'ai eu ces pseudanodontes à ma disposition en 1891, pendant plusieurs mois. Je ne saurais trop remercier à ce sujet M. Locard de son amabilité, et trop louer la parfaite indépendance d'esprit dont il a fait preuve en me confiant, non seulement ces pseudanodontes, mais encore toutes les anodontes de sa riche collection, car il était prévenu que j'avais à l'égard de l'espèce des vues bien différentes des siennes, et il savait dès lors que j'emploierais les matériaux qu'il me communiquait à combattre plusieurs de ses idées.

3° Un lot de 85 pseudanodontes pêchées dans la Seine, à Elbeuf (Seine-Inférieure), qu'un naturaliste de cette ville avait adressées à M. Locard pour les déterminer et que M. Locard m'avait prié, à son tour, de déterminer, car j'avais alors entre les mains toutes les pseudanodontes de sa collection.

4° Enfin, les dessins manuscrits de Bourguignat, profils de

coquilles qui lui avaient servi pour la détermination des mensurations énumérées dans ses descriptions de pseudanodontes françaises. C'était aussi M. Locard qui m'avait très obligeamment communiqué ces dessins.

Voici maintenant les faits, observations ou remarques que j'ai à présenter, après une étude longue et attentive de tous ces matériaux.

C'est en 1879, entre le 20 août et le 2 octobre (la date exacte se trouve omise dans mes notes), que je pêchai, dans la Saône, au barrage d'Auxonne, une cinquantaine de jolies coquilles, que j'étiquetai provisoirement *Anodonta elongata*, d'après l'ouvrage de l'abbé Dupuy. Le 2 octobre 1879, je remis quelques sujets de cette colonie à M. Drouet; je trouve dans mes notes à cette date : « Anodonte allongée de la Saône, à Auxonne. M. Drouet m'a fait remarquer les petites stries (visibles à la loupe) qui décorent le test; espèce à étudier; il la soumettra à M. Clessin et me dira le résultat. » Un peu après, toujours dans mes notes (vers novembre 1879), je vois : « L'anodonte verte et bâillante de la Saône serait d'après M. Drouet l'*A. complanata* de Ziegler, forme *Normandi* de Dupuy. » En 1881, j'adressai une vingtaine de ces anodontes à Bourguignat; le 3 mai 1881, il me répondait : « Vos pseudanodontes sont de toute beauté. J'ai reconnu quatre formes bien distinctes, dont trois nouvelles que vous pouvez décrire. » Ces trois formes « nouvelles » étaient étiquetées : *Locardi* Coutagne, *Coutagnei* Bourguignat, et *Ararisana* Coutagne. Le 30 juillet 1881, Bourguignat m'écrivait : « M. Drouet a publié dans le mauvais recueil dit *Journal de Conchyliologie*, au commencement de l'année, une *Anodonta dorsuosa* de la Saône, à Pontailler. J'ai toujours soupçonné que cette espèce devait provenir de vous. » C'était la *Locardi* encore inédite, et Bourguignat me proposait de reporter le nom de *Locardi* sur l'*Ararisana*. Mais comme je trouvais que des trois noms, celui d'*Ararisana* était le seul qui valût quelque chose, je le priai de débaptiser la *Coutagnei* pour lui reporter le nom de *Locardi*; ce qui fut fait. C'est ainsi que, finalement, il me reste dans ma collection : 1° onze échantillons déterminés par Bourguignat, savoir : quatre *Locardi* Coutagne, trois *Ararisana* Coutagne, trois *dorsuosa* Drouet, et une *elongata* Holandre; 2° quatorze autres échantillons. Ces *Locardi* et *Ararisana* ont été décrites en 1882 dans le *Prodrome* de M. Locard.

Or, tous ces échantillons étiquetés *dorsuosa*, *Locardi*, *Ararisana* et *elongata* sont certainement de la même espèce; *ces quatre formes sont reliées par tous les intermédiaires*, dans cette colonie du barrage d'Auxonne. La *dorsuosa* est caractérisée par sa *partie dorsale enflée et arquée* (le nom de *dorsuosa* exprime fort bien ce caractère); la *Locardi*, par sa forme peu haute en avant et très haute en arrière (mode *obliquus* précédemment défini); l'*elongata*, ou du moins les échantillons d'Auxonne qui ont le profil de la figure type de l'*elongata* (fig. 16, pl. XVI, de l'abbé Dupuy), ont au contraire les deux bords supérieur et inférieur parallèles (mode *paralellus*); enfin l'*Ararisana* n'a aucun de ces caractères tranchés, c'est une forme moyenne et de profil presque régulièrement elliptique.

Dans la collection Locard, il y a, provenant de la Saône : 1° un échantillon (une seule valve) étiqueté *Ps. Klettii*; 2° un échantillon de la *Ps. Euthymei*, Pacôme; 3° le type de la *Ps. Pacomei*, Bourg.; ces trois échantillons étiquetés de la main même de Bourguignat et provenant de Neuville-sur-Saône; 4° un échantillon portant le nom de *Ps. rivalis*, Bourguignat. — Ces quatre échantillons sont encore pour moi, incontestablement, de la même espèce que les Pseudanodontes d'Auxonne. Celui étiqueté *Klettii* est assez voisin, comme profil, de l'*Ararisana*, mais la coquille, quoique bien adulte, est notablement plus petite. La *Ps. Euthymei* serait caractérisée par sa petite taille (mode *minor*), son peu d'épaisseur (mode *complanatus*), et par sa grande hauteur (mode *elatus*). La *Ps. Pacomei* serait un diminutif de la *Locardi*. Enfin la *Ps. rivalis*, ou du moins l'échantillon en question, provenant de Trévoux (le type est d'Auxonne, probablement un des échantillons que j'avais donnés à Bourguignat et qu'il a jugé nécessaire, après coup, de spécifier aussi) est un individu fort petit, et même peu adulte, d'une forme ayant à peu près le profil de l'*elongata* type, c'est-à-dire un profil très différent de celui de la vraie *rivalis* de Bourguignat.

Une autre série d'échantillons de la collection Locard proviennent de la Seine ou de la Loire, et sont étiquetés : *Ps. Servaini* Bourg., *septentrionalis* Locard, *Rothomagensis* Locard, ces trois de la Seine; *Rayi* Mabille, et *Nantelica* Bourg, de la Loire. Ces quatre coquilles ont bien un air de parenté avec les pseudanodontes de la Saône; mais l'épiderme est d'un vert plus foncé, plus bleuâtre (l'épiderme des pseudanodontes de la Saône est d'un vert jaunâtre, assez clair); la coquille semble toujours moins épaisse; et, enfin, les formes que présentent ces pseudanodontes occidentales (Seine, Loire et Garonne, en y comprenant les *Grateloupiana* et *globosa* de Gassies, qui ont cette même coloration, d'après les belles figures des Mollusques de l'Agenais) semblent différer assez notablement des formes que présentent les Pseudanodontes de la Saône.

Pour terminer ce que j'ai à dire des Pseudanodontes de la collection Locard, j'ajouterai les remarques suivantes :

1° *Ps. Pechaudi* Bourguignat. L'échantillon ainsi nommé se rapporte bien, *comme profil*, au type de cette forme, que je connais par un dessin manuscrit de Bourguignat. Mais cet échantillon, qui provient de la Grosne (Saône-et-Loire), *n'est pas une pseudanodonte;* les valves sont minces, fragiles, non bâillantes, sans rayons striés, et les sommets sont ornés de rides parallèles (neuf à dix), fines et *non tuberculeuses* c'est donc une anodonte.

2° *Ps. imperialis* Servain. Même observation pour cet échantillon, qui provient de la Vie, près Crèvecœur (Calvados). Il se rapproche bien, comme profil, d'un dessin de Bourguignat du type de la *Ps. imperialis*, de la Loire ; mais c'est encore une anodonte, à test très solide, tout à fait identique à quelques échantillons d'anodontes que j'ai pêchés dans l'Yvette, près Paris. L'ornementation des sommets est ici encore tout à fait caractéristique.

3° *Ps. Normandi* Dupuy. Même observation encore pour cet échantillon provenant de la Noë (1), près de Caen (Calvados); c'est encore une anodonte, à test très mince et à sommets finement et élégamment plissés, *sans tubercules*.

4° *Ps. Brebissoni* Locard. Cet échantillon type, et qui provient de l'Orne à Caen (Calvados), est-il une pseudanodonte? Il me semble difficile de le dire. La coquille est fortement corrodée, et les sommets ne peuvent fournir aucun indice. La charnière est elle-même aux trois quarts rongée. Les deux valves semblent peu bâillantes, et le test, là où l'épiderme est intact, se montre mince et fragile. Quant au profil, il ne peut rien indiquer. L'épiderme est marron noirâtre ; mais c'est là peut-être un caractère tout local, car l'épiderme se fonce, et prend la couleur de celui des Margaritanes (en même temps la nacre devient *olivâtre*) partout où les eaux acides corrodent fortement les sommets. Bref, la *Ps. Brebissoni* de l'Orne à Caen reste fort douteuse. L'étude de très jeunes individus, élevés dans une eau non acide,

---

(1) Je n'ai pu trouver trace de ce nom dans le dictionnaire de la France de Joanne; est-ce le nom d'un minuscule hameau, ou même d'un domaine, ou encore celui d'un étang, ou d'un minuscule ruisseau? En tout cas, si l'échantillon nommé *Brebissoni* provient bien de l'Orne, à Caen, celui étiqueté *Normandi*, dont les sommets sont intacts, ne peut assurément avoir été pêché dans cette rivière.

serait nécessaire. Pour moi, j'incline fortement à penser que c'est une simple anodonte.

5° *Ps. elongata* Holandre. L'échantillon ainsi étiqueté provient de « Torteron ». C'est sans doute Torteron, hameau de la commune de Patinges (Cher), laquelle est sur l'Aubois (affluent de la Loire), et le canal du Berry. Cette coquille vient-elle de l'Aubois ou du canal? En tout cas c'est une vraie pseudanodonte, ayant bien le profil de la vraie *elongata* de la Moselle, telle que l'a figurée du moins l'abbé Dupuy. Par sa forme régulière, et son épiderme foncé, elle semble se rapprocher plus des pseudanodontes de la Loire et de la Seine, que de celles de la Saône ; notons toutefois que son test est relativement épais.

Il me reste à parler des quatre-vingt-cinq échantillons (de la Seine à Elbeuf), que j'ai examinés en 1891. Ils avaient été préalablement soumis à M. Drouet, qui avait donné un nom, je ne sais plus lequel, mais *un seul*. Cela ne faisait pas l'affaire du naturaliste d'Elbeuf, qui voulait des déterminations à la dernière mode. Je comparai donc, très consciencieusement, les quatre-vingt-cinq échantillons aux types des vingt-sept « espèces » de pseudanodontes françaises jusqu'alors publiées, et je déterminai ces quatre-vingt-cinq coquilles de la façon suivante :

27 *Ps. Rayi*, Mabille in Bourg., 1880.
20 *Ps. elongata*, Holandre, 1836.
13 *Ps. Servaini*, Bourg. in Locard, 1890.
7 *Ps. septentrionalis*, Locard, 1890.
6 *Ps. aplou*, Bourg. in Locard, 1890.
5 *Ps. Normandi*, Dupuy, 1849.
4 *Ps. Rothomagensis*, Locard, 1890.
3 *Ps. Nantetica*, Bourg. in Locard, 1890.

Sur mon registre de notes et observations je trouve la note suivante, écrite immédiatement après ce laborieux travail de détermination :

« En somme, aucun de ces quatre-vingt-cinq échantillons n'est *identique* aux types des huit formes dont j'ai donné les noms, et plusieurs seraient certainement élevés au rang d'espèce par Bourguignat, si celui-ci les voyait. En particulier, un petit échantillon présente absolument la forme si caractéristique de l'*A. pentagona*, Locard, mais avec une taille moitié moindre. Justement cet échantillon un peu anormal est de couleur terne, peu coloré, en sorte que sans ses sommets aux tubercules caractéristiques, il faudrait le rattacher à l'*A. pentagona* de la Seine à Rouen, c'est-à-dire aux anodontes de l'autre série de coquilles que je vais examiner maintenant (1). En résumé, cet ensemble de pseudanodontes est remarquable : 1° par le caractère des sommets, très net, aucune coquille n'étant corrodée; 2° par la couleur *vert foncé* de l'épiderme, caractère par lequel ces pseudanodontes se distinguent très nettement de celles de la Saône; 3° enfin par leur bord inférieur presque jamais subsinueux et presque toujours arqué. »

Je résumerai maintenant le peu que je sais des pseudanodontes de France. Tout d'abord, relativement à la légitimité de cette coupe générique, je ferai remarquer que les pseudanodontes diffèrent des anodontes : 1° par leurs valves bâillantes à la partie inféro-antérieure, et en arrière de l'angle postéro-dorsal ; 2° par la solidité et l'épaisseur du test, et leur faciès d'*Unio;* toutefois certaines vraies anodontes présentent aussi ce caractère; 3° par leur charnière un peu moins rudimentaire, et se rapprochant par suite de celle des *Pseudodon;* ce caractère est à vrai dire corrélatif du précédent : les valves étant plus épaisses, plus solides, la partie cardinale se trouve dès lors elle aussi plus solidement construite ; certaines anodontes ont une charnière tout aussi bien caractérisée ; 4° leur sommet est orné de rides *tuberculeuses* (de 3 à 5) ; ce mode de décoration est très caractéristique; toutes les anodontes de France que j'ai eu l'occasion d'examiner sont au contraire ornées d'un assez grand nombre

---

(1) Je faisais allusion à 53 vraies anodontes, qui étaient jointes aux 85 pseudanodontes, et dont je parlerai au chapitre suivant.

de fines et élégantes rides parallèles (de huit à douze, très rarement de quatre à huit), quelquefois flexueuses, mais jamais *tuberculeuses ;* 5° enfin l'épiderme des pseudanodontes est luisant, coloré, et orné de petites stries fines (ce sont de petites lamelles épidermiques) disposées en rayons divergents, à partir du sommet. Ces cinq caractères sont à vrai dire, chacun pris en particulier, bien plutôt spécifiques que génériques. En les appliquant tous à la définition du genre *Pseudanodonta*, il ne reste plus grand'chose pour caractériser les espèces de ce genre, car nous savons déjà que le profil de la coquille est un caractère des plus variables, et qu'il ne peut vraisemblablement servir qu'à distinguer des variétés. Toutefois l'adoption de ce genre est commode, en ce que l'étude des vraies anodontes se trouve déblayée d'autant. Je n'aurais certes pas, pour ma part, proposé cette distinction générique ; mais puisqu'elle a été faite, et que le nom n'est pas nouveau, je continuerai à l'employer.

Quant au nombre d'espèces de pseudanodontes françaises, il me semble impossible d'en admettre plus de deux, et encore faudra-t-il peut-être les réunir un jour. L'une semble spéciale au bassin de la Saône ; l'autre, plus répandue, se rencontre dans les bassins de la Garonne, de la Loire, de la Seine, de l'Escaut et de la Moselle. J'appellerai, provisoirement, la première *Ps. Ararisana* (1), et la seconde *Ps. occidentalis*.

La *Ps. Ararisana* diffère de l'*occidentalis* :

---

(1) On remarquera que « *Ararisana*, Coutagne *in* Locard, 1882 », est chose toute différente de « *Ararisana*, Coutagne, 1895 » ; la première appellation désigne une simple forme, et la seconde au contraire une espèce, ou tout au moins une race. — L'épithète *dorsuosa* me semble si heureusement expressive, que je la réserve précieusement pour désigner le mode spécial auquel elle correspond. Dans cette difficile question de la classification des Unionidées, je crois devoir éliminer, systématiquement, tous les noms spécifiques de cette sorte, tels que *convexa, minima, oblonga, elongata, rostrata*, etc., toutes épithètes qui doivent être réservées pour exprimer les différents modes qu'on observe chacun chez plusieurs espèces distinctes. Les seuls noms d'espèce qui me paraissent admissibles doivent être soit géographiques (*Rothomagensis, Ararisana, Pyrenaica*, etc.), soit simplement conventionnels (*anatina, piscinalis, cygnea*, etc.).

1° Par ses valves en général plus solides, son test plus épais.

2° Par son épiderme jaune verdâtre, et non vert émeraude foncé.

3° Par ses modes différents : le mode *dorsuosus* en particulier, c'est-à-dire le bombement des valves près de la partie dorsale, s'observe presque toujours, plus ou moins accusé, dans les pseudanodontes de la Saône, tandis que chez la *Ps. occidentalis* l'épaisseur maximum se trouve plus centrale, et la coquille est par suite plus régulière. Le mode *lunatus* au contraire, si caractérisé dans les *Grateloupiana* et *globosa* de Gassies, *Nantelica* de Bourguignat, *Rothomagensis* de Locard, etc., semble bien plus rare, et moins accusé chez la *Ps. Ararisana*; inversement le mode *subsinuatus*, assez fréquent chez cette dernière, est rare chez la *Ps. occidentalis*. Le mode *cristatus* (combinaison des modes *rostratus* et *angulatus*, avec l'un ou l'autre des deux modes *parallelus* ou *obliquus*) semble fréquent chez l'*occidentalis* (*Rothomagensis*, *globosa*, *Grateloupiana*, etc.), et très rare au contraire, ou même complètement absent, chez l'*Ararisana*.

4° Par son aire de dispersion différente, l'*Ararisana* étant localisée dans la Saône, d'où le nom provisoire que je lui ai donné. Ce quatrième caractère différentiel peut être invoqué, toutefois, pour justifier la réunion, et non la séparation de ces deux espèces ; puisque celles-ci ne s'observent jamais dans une même station, vivant côte à côte, et sans intermédiaires, on peut fort bien supposer que l'*Ararisana* n'est qu'une race locale de l'*occidentalis*. Et de fait, l'*Ararisana*, telle que je viens de la définir, semble moins variable, à caractères bien plus fixes, que l'*occidentalis* considérée dans ses multiples stations (la Garonne, la Loire, la Seine, l'Escaut et la Moselle). Les rapports exacts de parenté des pseudanodontes de la Saône avec celles des fleuves occidentaux de la France ne pourront vraisemblablement jamais être établis, même avec des matériaux bien plus complets que ceux dont j'ai pu disposer jusqu'à présent.

Le *Ps. Ararisana* a été observée par moi-même à Pontailler-sur-Saône (1) et à Auxonne (Côte-d'Or); M. Drouet l'a signalée *(A. dorsuosa)* à Charrey-sur-Saône, Saint-Jean-de Losne et Seurre (Côte-d'Or); le frère Pacôme enfin l'a récoltée *(Ps. Klettii* d'après Bourguignat, *Ps. Euthymei* et *Pacomei)* à Trévoux (Ain), Neuville-sur-Saône et Rochetaillée (Rhône). Dans cette partie inférieure du cours de la Saône les modes *elatus (Euthymei)* et *minor (Euthymei* et *Pacomei)* semblent remplacer les modes *elongatus* et *major* qui dominent plus en amont — si toutefois on peut déduire quelque chose de l'examen de *trois* coquilles (les trois échantillons de la collection Locard portant les noms *Klettii*, *Euthymei* et *Pacomei*). J'ai beaucoup pêché de bivalves, autrefois, en 1872 et 1873, aux environs de Neuville-sur-Saône, et je ne me rappelle pas avoir jamais rencontré de pseudanodontes. La construction récente de nombreux barrages n'aurait-elle pas, en modifiant le régime de la rivière, favorisé l'extension plus en aval de la *Ps. Ararisana* ?

Quant à la *Ps. occidentalis*, elle a été signalée jusqu'à présent :

1° Dans la Garonne, aux environs d'Agen (Lot-et-Garonne) par Gassies, en 1849 *(A. Gateloupiana* et *globosa)*.

2° Dans le bassin de la Loire : à l'embouchure de la Nièvre, dans la Nièvre même *(Ps. Pechaudi* B.); dans l'Aubois *(Ps. Rayi*, Mabille, signalée par M. Locard dans « l'Auboir, Cher ») (2); dans la Loire près d'Angers *(Ps. imperialis* Servain); dans la Loire, à Ingrandes (Maine-et-Loire), à

---

(1) J'ai trouvé en effet, en outre de la colonie du barrage d'Auxonne, un échantillon de cette pseudanodonte sur les bords de la Saône, un peu en aval de Pontailler-sur-Saône (non Pontarlier, p. 64, 1890, *Ann. Soc. Linn. Lyon*).

(2) C'est sans doute de Torteron, d'où, je l'ai indiqué plus haut, M. Locard a reçu des pseudanodontes dont une est étiquetée *elongata* dans sa collection.

Nantes (Loire-Inférieure); dans l'Erdre un peu au-dessus de son embouchure *(Ps. Nantelica* B.); dans le lac de Grand-Lieu (*Ps. lacustris* Servain).

3° Dans le bassin de la Seine : à Châtillon-sur-Seine (Côte d'Or) et aux environs (Etrochey, Vix-Saint-Marcel, et Pothières), où M. Baudoin a récolté des échantillons classés *Normandi*, *Locardi*, et *dorsuosa* par M. Locard; à Port-Marly (Seine-et-Oise) *(Ps. aploa* Bourg.); à Conflens (Seine-et-Oise) à l'embouchure de l'Oise, et dans l'Oise même, ainsi qu'à Poissy (Seine-et-Oise) *(Ps. Isarana* Bourg.); enfin à Elbeuf (Seine-Inférieure), station dont nous avons déjà longuement parlé.

4° Dans l'Escaut à Valenciennes (Nord), où l'abbé Dupuy l'a signalée en 1849 (*A. Normandi*).

5° Dans la Moselle, à Metz *(A. elongata* Holandre, 1836).

En dehors de ces cinq fleuves, les autres stations françaises de pseudanodontes qui ont été indiquées me paraissent erronées. Ce sont : la *Ps. Pechaudi* de la Grosne à Saint-Ambreuil (La Ferté est un hameau de Saint-Ambreuil), et à Marnay (Saône-et-Loire); la *Ps. imperialis* de la Vie, près Crèvecœur (Calvados); la *Ps. Normandi* de « la Noë » près Caen (Calvados); et très probablement aussi la *Ps. Brebissoni* de l'Orne à Caen.

Quant à la *Ps. rivalis* signalée de l'Orne à Feuguerolles-sur-Orne et à Caen (Calvados); à la *Ps. Normandi* signalée aussi dans l'Orne à Caen, et dans la Somme à Abbeville (Somme); et à la *Ps. Morini* de l'Huisne (affluent de la Sarthe) à Montfort (Sarthe), n'ayant pas eu l'occasion de voir ces coquilles, je ne puis à leur sujet formuler aucun avis motivé.

Je vais reprendre maintenant une à une, les vingt-sept « espèces » énumérées en 1890 par M. Locard, et indiquer pour chacune d'elles le sort qui me semble devoir leur être fait (1).

---

(1) Dans son ouvrage, *Les Coquilles des eaux douces et saumâtres de France*, 1893.

1. *Ps. Grateloupiana*, Gassies, 1849, de la Garonne à Agen (Lot-et-Garonne). — *Ps. occidentalis* présentant les modes *complanatus, sublunatus* et *cristatus* (1).

2. *Ps. globosa*, Gassies, 1849, de la Garonne à Agen (Lot-et-Garonne). — *Ps. occidentalis*, présentant les modes *subglobosus, lunatus, obliquus* et *cristatus*.

3. *Ps. Nantelica*, Bourg. in Locard, 1890, de l'Erdre en amont de Nantes (Loire-Inférieure). — *Ps. occidentalis* présentant les modes *sublunatus, prolatus, obliquus, curvirostris* et *angulatus*.

4. *Ps. Pechaudi*, Bourg. in Locard, 1890, de la Nièvre, à son embouchure dans la Loire. — *Ps. occidentalis* d'une forme très voisine de la précédente ; elle est un peu moins allongée, un peu plus comprimée, et son sommet est situé plus en arrière : *vulgaris* à la place de *prolatus*, *parallelus* à la place d'*obliquus*, *subangulatus* à la place d'*angulatus*..... mais toutes ces différences sont de bien faibles nuances.

5. *Ps. Rothomagensis*, Locard, 1890, de la Seine aux environs de Rouen (Seine-Inférieure). — *Ps. occidentalis* présentant les modes *lunatus* et *cristatus*.

6. *Ps. Arnouldi*, fr. Pacome in Locard, 1890, de la Saône à Fleurieux (Rhône). — *Ps. Ararisana*, présentant les modes *sublunatus, arcuatus, prolatus, subglobosus*, et même *dorsuosus;* car le dessin de Bourguignat, représentant le type, indique la position très relevée du « point de l'épaisseur maximum ».

7. *Ps. imperialis*, Servain in Locard, 1890, de la Loire, près d'Angers. — *Ps. occidentalis* présentant les modes *globosus, obliquus, curvirostris*, et *subsinuatus* très atténué.

8. *Ps. Isarana*, Bourg. in Locard, 1890, de la Seine à Poissy (Seine-et-Oise). — *Ps. occidentalis* présentant les modes *elatus, sublunatus*, et surtout *arcuatus*.

9. *Ps. Mongazonæ*, Bourg. in Locard, 1890, de la Loire aux environs d'Angers. — *Ps. occidentalis* présentant les modes *sinuatus* et *arcuatus*.

10. *Ps. lacustris*, Servain in Locard, 1890, du lac de Grand-Lieu (Loire-Inférieure). — *Ps. occidentalis* présentant les modes *minor, lunatus, arcuatus* et *complanatus*.

11. *Ps. Ligerica*, Servain in Bourg., 1877, de la Loire, aux environs

M. Locard n'ajoute qu'une seule « espèce » nouvelle, la *Ps. Morini* de l'Huisne à Montfort (Sarthe); cette coquille m'est inconnue, je n'en parlerai donc pas.

(1) Je n'indiquerai que les caractères les plus saillants, les modes les plus caractérisés, de chaque forme.

d'Angers. — *Ps. occidentalis* présentant les modes *naviformis, obliquus, curvirostris* et *subcomplanatus*.

12. *Ps. Rayi*, Mabille in Bourg., 1880, de la Seine à Marly-le-Roi (Seine-et-Oise). — *Ps. occidentalis* présentant les modes *sublunatus, arcuatus, curvirostris;* le profil est presque exactement elliptique.

13. *Ps. rivalis*, Bourg. in Locard, 1890, de la Saône à Auxonne (Côte-d'Or). — *Ps. Ararisana*, forme assez peu tranchée; mode *sublunatus, obliquus, subangulatus*, etc.

14. *Ps. Normandi*, Dupuy, 1849, de l'Escaut à Valenciennes (Nord). — *Ps. occidentalis* présentant les modes *subelongatus, naviformis, subarcuatus, subcomplanatus*.

15. *Ps. septentrionalis*, Locard, 1890, de la Seine aux environs de Rouen. — *Ps. occidentalis*, jolie forme à bords inférieur et supérieur presque parallèles (mode *parallelus*), mais presque ellipsoïdale, et non allongée comme la *Ps. elongata* type, dont elle ne diffère guère que par ce moindre allongement.

16. *Ps. Servaini*, Bourg. in Locard, 1885, de la Loire aux environs d'Angers. — *Ps. occidentalis*, forme bien peu tranchée, très régulière, encore plus exactement ellipsoïdale que la précédente.

17. *Ps. Klettii*, Rossm., 1835, du Danemark. — Je ne saurais donner d'appréciation sur cette espèce, ou cette forme, que je ne connais pas. Quant à l'échantillon de Neuville-sur-Saône auquel Bourguignat a donné ce même nom, c'est une *Ps. Ararisana* sans caractères bien tranchés : mode *sublunatus, arcuatus, curvirostris*, etc.

18. *Ps. Euthymei*, fr. Pacome in Locard, 1890, de la Saône à Fleurieux (Rhône). — *Ps. Ararisana*, modes *naviformis, arcuatus* et surtout *elatus*. Sur l'échantillon mode *minor* de la collection Locard, ce dernier caractère est encore plus accusé que sur l'échantillon type, dessiné par Bourguignat. C'est assurément de toutes les pseudanodontes de la collection Locard l'échantillon le plus intéressant, c'est-à-dire celui qui s'écarte le plus, comme profil, de tous les autres.

19. *Ps. aploa*, Bourg. in Locard, 1890, de la Seine à Marly-le-Roi (Seine-et-Oise). — *Ps. occidentalis* modes *subglobosus, obliquus* et *subelatus;* cette forme est plus allongée que la précédente : la coquille type est en outre excessivement bâillante à la partie antéro-inférieure.

20. *Ps. elongata*, Holandre, 1836, de la Moselle à Metz. — *Ps. occidentalis* présentant les modes *elongatus, arcuatus* et *naviformis*.

21. *Ps. Ararisana*, Coutagne in Locard, 1882, de la Saône à Auxonne.

— Cette forme particulière n'est en définitive que le mode *normalis* de l'espèce ou race « *Ararisana*, Coutagne, 1895 »; aucun caractère bien tranché.

22. *Ps. Cazioti*, Bourg. in Locard, 1890, de la Saône à Auxonne (Côte-d'Or). — Cette forme ne me semble guère différer de la précédente; son sommet est toutefois un peu plus antérieur, et, par suite, lorsqu'elle est placée d'après le système Bourguignat, elle se présente sous un aspect bien plus incliné ; c'est un bon exemple des inconvénients de ce système. Cette *Cazioti* est en outre un peu plus allongée.

23. *Ps. Locardi*, Cout. in Locard, 1882, de la Saône à Auxonne. — *Ps. Ararisana*, mode *subelongatus*, *obliquus*, *subconvexus*, *naviformis*.

24. *Ps. dorsuosa*, Drouet, 1881, de la Saône à Pontailler-sur-Saône. — *Ps. Ararisana*, modes *dorsuosus*, *subsinuatus*, *convexus*. En outre, faut noter que la portion de la coquille qui avoisine le sommet est très convexe, et fait saillie au-dessus des ligaments, ce qui donne à la coquille une allure d'*Unio* très prononcée. La figure donnée en 1893 par M. Locard *(Les Coq. France,* p. 225, fig. 236) n'est guère conforme au dessin type de M. Drouet; la figure 235 s'en rapproche beaucoup plus.

25. *Ps. Pacomei*, Bourg. in Locard, 1890, de la Saône à Neuville-sur-Saône. — *Ps. Ararisana* présentant les modes *sublunatus*, *obliquus*, *angulatus*.

26. *Ps. Trivultina*, Bourg. in Locard, 1890, de la Saône à Trévoux (Ain). — *Ps. Ararisana*, modes *elatus*, *lunatus* et *arcuatus*.

27. *Ps. Brebissoni*, Locard, 1890, de l'Orne à Caen (Calvados). — *Ps. occidentalis* (??) fortement modifiée (test mince, épiderme noir, coquille corrodée, nacre olivâtre) par la nature acide des eaux où elle vit; présentant en outre les modes *minor*, *sublunatus*, *obliquus*, *prolatus*, etc.

Enfin, pour terminer l'étude des pseudanodontes françaises, je résumerai le plus brièvement possible ce long chapitre.

Les pseudanodontes forment un groupe très polymorphe, si on considère les variations du profil de la coquille. Vingt-huit formes seulement ont reçu des noms distincts jusqu'à ce jour. Dans chaque station on rencontre un grand nombre de variétés différentes. Toutefois certains modes *(dorsuosus, sinuatus, subflavus)* semblent localisés dans la Saône. On se trouve donc en présence d'un cas analogue à celui de la localisation du mode *microporus* de l'*H. cespitum* aux environs d'Hyères et de Toulon. Mais, pour une espèce terrestre et continentale, on peut, par l'étude successive des stations le long d'un itinéraire convenable, reconnaître facilement si la forme localisée est ou n'est pas reliée aux autres formes par une série d'intermédiaires, c'est-à-dire si cette forme localisée est ou n'est pas de même espèce que ces autres formes. Il n'en est plus de même si la forme *localisée* est en même temps *isolée*, qu'il s'agisse de mollusques terrestres et continentaux à aires disjointes *(Pomatias apricus* du Dauphiné comparé au *P. obscurus* des Pyrénées), ou d'un mollusque insulaire *(Cyclostoma Melitense* de Malte, comparé au *Cycl. sulcatum* de Sicile, de Corse, et du continent), ou enfin d'un mollusque aquatique et continental, comme c'est le cas pour les pseudanodontes. Mais du moment que la forme ou le groupe de formes en question est *isolé géographiquement*, cette forme ou ce groupe possède dès lors un domaine bien distinct, et il est rationnel de lui donner un nom spécial, c'est-à-dire de distinguer par un nom particulier *un groupe d'individus ayant, d'une part une morphologie un peu spéciale, et d'autre part un petit domaine bien distinct*. Ici encore nous voyons, soit dit en passant, les considérations géographiques intervenir conjointement avec les considérations morphologiques.

Les pseudanodontes de la Garonne, de la Loire, de la Seine, de l'Escaut et de la Moselle, sont, il est vrai, isolées dans cinq régions différentes ; mais il ne paraît pas y avoir de différences sensibles entre la morphologie de ces cinq groupes. On ne peut donc, raisonnablement, donner des noms spéciaux à ces cinq populations distinctes.

On ne peut pas davantage justifier l'emploi de noms spéciaux pour désigner telle ou telle des innombrables combinaisons de divers modes que l'on rencontre, *avec tous leurs intermédiaires*, lorsqu'on étudie les populations des différentes colonies de la Garonne, de la Loire, de la Seine, de l'Escaut et de la Moselle.

J'appellerai donc, *provisoirement, Pseudanodonta occidentalis* cette espèce répandue dans les cinq fleuves du nord et de l'ouest de la France. Il sera préférable de l'appeler *Ps. europœa*, si elle se rencontre aussi, comme il est probable, dans plusieurs autres grands fleuves de l'Europe centrale.

Quant aux pseudanodontes de la Saône, qui non seulement sont isolées géographiquement de leurs congénères du nord et de l'ouest, mais encore qui se distinguent par la fréquence plus grande des modes *sinuatus, dorsuosus* et *subflavus*, je les appellerai, provisoirement aussi, *Pseudanodonta Ararisana*.

On pourra considérer la *Ps. Ararisana* comme une espèce distincte de la *Ps. occidentalis*, ou au contraire comme une simple race locale. Si l'on se place au seul point de vue de la nomenclature, cela importe peu ; *l'essentiel est que les faits observés soient exprimés très exactement, très clairement, et le plus simplement possible, c'est-à-dire avec le moins possible de termes spéciaux*. Je crois avoir montré que les deux noms *occidentalis* et *Ararisana*, s'appliquant à des populations bien distinctes géographiquement, sinon morphologiquement, et une trentaine d'épithètes latines, à la fois expressives et conventionnelles, s'appliquant à des *modes*, c'est-à-dire aux manières d'être différentes de chaque caractère, et pouvant servir sans modification pour tous les genres d'Unionidées, constituaient un langage scientifique, une nomenclature en un mot, beaucoup plus apte à rendre compte du polymorphisme des pseudanodontes, que les vingt-huit noms, prétendus spécifiques, dont nous avons fait le procès dans ce chapitre.

CHAPITRE X

ANODONTES

Les anodontes vont nous présenter les mêmes phénomènes que les pseudanodontes, mais avec une bien plus grande complication. Au lieu d'habiter seulement six fleuves ou grandes rivières, on les rencontre partout, dans les plus petits ruisseaux, dans les rivières, petites ou grandes, dans les lacs, les étangs, les canaux. Leur polymorphisme est en outre considérable, et chaque colonie a pour ainsi dire son cachet spécial, ses modes particuliers. « Chaque lac, chaque marais, chaque ruisseau, ou même chaque partie d'un même lac, d'un même ruisseau, offre des formes particulières, ou du moins d'un aspect différent, et comme le dit avec beaucoup de justesse Rossmässler, dans les intéressantes remarques qui terminent la douzième livraison de son *Iconographie*, ce qui étonne le plus le naturaliste, ce n'est pas de rencontrer çà et là une forme nouvelle plus ou moins caractérisée, mais de retrouver deux fois exactement la même, dans deux localités différentes. Comme d'autre part les caractères qui peuvent servir à fixer les espèces sont en très petit nombre, vu la grande simplicité de structure de ces coquilles, toutes ces formes établissent des transitions graduelles d'une espèce à l'autre, et il en résulte une extrême incertitude dans les déterminations spécifiques et dans la délimitation de l'espèce en général. Ainsi, tandis que certains conchyliologistes multiplient les espèces presque à l'infini, nous en voyons d'autres qui, *découragés peut-être par cette multiplicité de formes diverses*, se simplifient le travail, en les réunissant toutes, et ne reconnaissent plus que deux ou trois espèces distinctes » (1). Voyons à notre tour s'il convient de multiplier les espèces « presque à l'infini », ou au contraire de les réduire à un très petit nombre, non pas, comme le supposait Brot, en tenant compte du découragement que pourrait produire l'étude difficile d'un très grand nombre d'espèces voisines, mais uniquement d'après les indications inéluctables de la saine logique.

M. Locard est le seul auteur, après Bourguignat, qui ait osé entreprendre la rude tâche de mettre un peu de précision et de méthode dans l'étude de ce genre si polymorphe. Il distingue, en 1893, *deux cent cinquante et une* « espèces », qu'il répartit en *dix-neuf* groupes. Voici les caractéristiques qu'il donne lui-même pour ces 19 groupes.

A. Ta. grande; Ga. écourté-ventru (2).
B. — — — allongé-ventru.
C. — ass. gr.; — allongé, peu ventru.
D. — moyen.; — elliptique court; sommets très antérieurs.
E. — — — allongé, irrégulièrement bombé.
F. — grande; — allongé-ventru; Te. épaissi, lourd.
G. — moyen.; — ventru-ovalaire; Te. — —
H. — — — subtriangulaire, ventru; Te. épaissi.
I. — — — subarrondi, ventru, court; Te. épaissi.
J. — — — ovalaire allongé, peu renflé; Te. épaissi.
K. — — — subarrondi déprimé; Te. assez mince.
L. — — — ovalaire, peu renflé; Te. mince.
M. — ass. pet. — allongé en fer de lance, peu renflé; Te. peu épais.
N. — — — ovalaire allongé, avec crête saillante.
O. — — — d'*Unio*.
P. — — — subpolygonal, comprimé, rostre obtus.
Q. — ass. gr.; — subcirculaire; rostre presque nul.
R. — — — plus ou moins subpentagonal.
S. — petite; — subcirculaire.

(1) A. Brot, 1867, Etude sur les coquilles de la famille des Nayades qui habitent le bassin du Léman, p. 17.

(2) Ta. veut dire *Taille*, Ga. veut dire *Galbe*, et Te veut dire *Test*.

On voit quelle importance M. Locard attribue au profil, au
« galbe » de la coquille. Cette importance est-elle légitime?
Je ne le crois pas, parce que *dans une même colonie* très homogène, et incontestablement formée de sujets tous parents les
uns les autres, tous de la même espèce par conséquent, on
voit le profil varier considérablement, et dans des proportions telles que les différents sujets devraient être classés,
non seulement dans plusieurs de ses espèces différentes, mais
même dans plusieurs de ses groupes différents. C'est ce que
je vais montrer.

En même temps que les 85 pseudanodontes d'Elbeuf, dont
j'ai parlé au chapitre précédent, j'avais reçu, pour être déterminées, un lot de 53 anodontes, pêchées aussi dans la Seine,
à Elbeuf. J'avais alors entre les mains les anodontes de la
collection Locard, parmi lesquelles *huit* échantillons, provenant tous du cours inférieur de la Seine, étaient assurément
de la même station que les 53 d'Elbeuf, ou tout au moins
d'une station très voisine. Ces 61 échantillons formaient un
tout homogène : ils avaient tous un même air de ressemblance, de parenté évidente. Je vais transcrire, d'ailleurs,
textuellement, les notes rédigées après l'étude consciencieuse des 53 anodontes d'Elbeuf, que j'avais déterminées de
la façon suivante :

15. *A. Rothomagensis*, Locard, 1890.
12. *A. Perrieri*, Locard, 1890.
7. *A. Caletengis*, Locard, 1890.
7. *A. blaca*, Bourg. in Locard, 1890.
4. *A. labelliformis*, Locard, 1890.
2. *A. mea*, Bourg. in Locard, 1890.
1. *A. pentagona*, Locard, 1890.
5. Anormales.

Ces déterminations avaient été faites, bien entendu, dans
le but unique de satisfaire aux intentions formelles de

M. Locard; je m'étais momentanément substitué à lui, et j'avais opéré suivant sa méthode. Voici maintenant l'extrait de mes notes :

Anodonta Sequanica (nom provisoire).

Cette espèce, ou cette race, a pour caractère, du moins dans le cours inférieur de la Seine :

1° Test solide, sans être très épais.

2° Épiderme jaune-verdâtre ; quelquefois rayons verdâtres (neuf des cinquante-trois échantillons en présentent des traces plus ou moins nettes).

3° Bord inférieur presque toujours arqué (modes *lunatus* ou *sublunatus*); deux échantillons seulement, et encore sont-ils anormaux, présentent le mode *subsinuatus*. Il me semble qu'on pourrait assigner au mode *normalis* de cette colonie une hauteur de 6 centimètres, pour une longueur de 10. Les jeunes sont moins allongés, et quelques très vieux sujets le sont au contraire plus, par suite de l'oblitération de l'angle postéro-dorsal, et du développement excessif de la région postérieure; mais sur les très vieux individus (un à 55 millimètres de hauteur pour 105 de longueur totale, c'est le plus allongé de tous), on voit, au contour des stries d'accroissement, que, dans leur jeune âge, le profil était plus ramassé.

4° *Sommets en forme de crochets très déliés ;* caractère très important, qu'on voit très bien dans cette colonie, l'érosion étant pour ainsi dire nulle, du fait des eaux; seul le frottement dans le sable ou la vase efface un peu ce caractère.

5° Ornementation des très jeunes valves aussi très caractéristique : un *petit nombre* de rides flexueuses (4, 5 ou 6, très rarement 7 ou 8), non tuberculeuses comme celles des pseudanodontes. Mais pour peu que les sommets soient usés, et que la coquille ait cessé très jeune de porter les rides du jeune âge, il ne reste plus grande différence entre les sommets de cette espèce et ceux des pseudanodontes.

Voici maintenant les échantillons de la collection Locard que j'ai entre les mains actuellement, et qui me semblent devoir être rapportés à cette espèce.

1° L'échantillon de la Loire à Villerest (Loire), étiqueté *A. Spengleri*, Bourg. ; comme profil, épaisseur, solidité du test, coloration de l'épiderme, c'est à peu près cela; mais les sommets manquent, rongés par l'eau acide de la Loire; donc il reste une grande incertitude.

2° L'échantillon étiqueté *A. doeopsis*, Loc., de Bois-Vieux (Jura) (1), pour lequel on peut faire la même observation, quoique les sommets soient un peu mieux conservés. Les autres formes du groupe des *Glyciana* de Bourguignat, telles que *glyca*, *mansueta*, *glycella*, *Doci*, *Issiodurensis*, sont bien plus allongées que *doeopsis* et *Spengleri ;* le caractère qui sert à rattacher ensemble toutes ces formes, est réellement insignifiant : un simple bombement irrégulier des valves; c'est ce que j'appellerais le mode *ventricosus* (ne pas confondre avec *convexus*), c'est-à-dire : coquille à ventre faisant saillie.

3° L'échantillon étiqueté *A. Anceyi*, Bourg., de la Loire à Nantes. Même observation que pour les deux précédents, les sommets étant très rongés. Mais il y a cependant des traces de rides plus éloignées du sommet que dans l'espèce d'Elbeuf, et, par suite, malgré la similitude de profil, il y a des doutes à avoir.

4° L'échantillon étiqueté *A. sterra*, Servain, de la Loire à Balbigny (Loire). Plusieurs échantillons d'Elbeuf sont presque identiques à cette coquille de Balbigny. Mais les rides du sommet de cette dernière sont plus nombreuses et plus saillantes que celles des anodontes d'Elbeuf. D'ailleurs cet échantillon provient-il bien de la Loire? Les eaux de la Loire ne laissent pas de la sorte, aussi intacts, les sommets des anodontes.

5° L'échantillon étiqueté *A. Germanica*, Servain, de la Loire à Nantes. Toutefois cet échantillon a l'épiderme orné de rayons verts, très marqués; en outre les sommets sont corrodés, d'où incertitude.

6° Le type de l'*A. Autricensis*, Locard, de l'Eure à Chartres, est peut-être aussi de la même espèce.

7° De même aussi pour l'échantillon étiqueté *A. elodea*, Péchaud, de la Loire à Nantes.

8° De même encore pour l'échantillon étiqueté *A. Alsterica*, Servain, de Basse-Indre (Loire-Inférieure).

9° Le type de l'*A. pentagona*, Locard, fait partie incontestablement de la même espèce.

10° De même aussi le type de l'*A. Caletengis*. Cette *Caletengis* provient de la Seine-Inférieure ; c'est bien le profil du mode *normalis* de la colonie

---

(1) Aucune commune, ni aucun hameau de ce nom n'est indiqué dans le dictionnaire de Joanne; c'est peut-être un lieu-dit des environs de Saint-Amour, où résidait M. Charpy, le conchyliologiste qui a fourni à M. Locard à peu près toutes ses anodontes et mulettes du Jura.

d'anodontes d'Elbeuf; mais ce type de l'*A. Caletengis* est un peu plus bombé (valves plus convexes) que la moyenne des échantillons d'Elbeuf; 7 ou 8, tout au plus, sur les 53, sont aussi bombés.

11° L'échantillon étiqueté *A. blaca*, Bourg., de la Seine à Elbeuf.
12° Le type de l'*A. Perrieri*, Locard, de la Seine à Rouen.
13° L'échantillon étiqueté *A. circulus*, Bourg., de la Seine à Orival.
14° L'échantillon étiqueté *A. mea*, Bourg., de la Seine près Rouen.
15° Le type de l'*A. labelliformis*, Locard, de la Seine à Rouen.
16° Le type de l'*A. Rothomagensis*, Locard, de la Seine près Rouen.

Aucune incertitude pour ces huit derniers échantillons, qui ont tous les sommets intacts, et qui proviennent tous, en somme, de la même station : le cours inférieur de la Seine, entre Elbeuf et Rouen ; soit donc 8 échantillons, dont 5 types, *certainement* de la même espèce que les 53 *Sequanica* d'Elbeuf.

Or, ces 8 échantillons sont classés, par M. Locard, dans cinq de ses 19 groupes :

Groupe **I**, *caletengis* ;
— **J**, *blaca* ;
— **Q**, *Perrieri* ;
— **R**, *pentagona, mea, labelliformis* et *Rothomagensis* ;
— **S**, *circulus*.

Il est donc bien évident que la forme plus ou moins écourtée ou allongée, arrondie ou polygonale, du contour de la coquille, ne peut servir tout au plus qu'à caractériser divers modes, et non à définir, à elle seule du moins, de vraies espèces.

Il serait assurément fort commode de nier, *a priori*, qu'il y ait plusieurs espèces d'anodontes en Europe : c'est d'ailleurs ce qu'a fait précisément Isaac Lea. Cet auteur, qui a décrit plus de 50 espèces d'anodontes des Etats-Unis, disait, vers 1860, « qu'il s'était donné beaucoup de peine pour se procurer les espèces de toutes les parties de l'Europe, et qu'il était maintenant convaincu que nous ne possédions, de ce côté de l'Atlantique, qu'une seule espèce d'anodonte, l'*A. cygnea* de Draparnaud, *Mytilus cygneus* de Linné, espèce à laquelle on a attribué, en Europe, 98 noms différents » (1).

Il est bien naturel, en effet, qu'un naturaliste américain, qui reçoit d'Europe un grand nombre d'échantillons entre lesquels il voit tous les intermédiaires imaginables, ne veuille voir dans cet ensemble, qu'une seule et même espèce; et sans être américain, il en sera de même de tout naturaliste « en chambre », c'est-à-dire de tout naturaliste qui n'a pas appris, sur le terrain, à juger de l'étendue des variations individuelles, à distinguer les espèces voisines cohabitant dans une même station, et à donner aux faits de la distribution géographique toute l'attention qu'ils méritent.

En présence de ce groupe si polymorphe des anodontes européennes, une seule espèce, ayant reçu 98 noms (vers 1860), d'après Lea (2), ou au contraire 251 « espèces » (en 1893) pour la France seulement, d'après M. Locard, quel parti faut-il prendre, et comment doit-on procéder à la distinction rationnelle des espèces? — Il faut rechercher : 1° si dans une même colonie on peut constater des formes distinctes, non réunies par des intermédiaires, ce qui justifierait l'adoption d'espèces distinctes, à la façon des *Helix acuta* et *ventricosa*, pour ne citer qu'un exemple ; 2° si la *localisation* de certains modes dans des domaines *isolés*, justifierait d'autre part l'adoption de quelques autres espèces,

---

(1) *Journal Conch.*, t. I, 3ᵉ série, 1861, p. 149. Petit de la Saussaye ajoute, à ce propos, qu'il doute fort qu'il y ait cinquante espèces d'anodontes aux Etats-Unis : « Nous sommes personnellement loin de les connaître toutes; nous n'avons pu les comparer, les étudier, sur un grand nombre d'exemplaires, et cependant nous avons trouvé, entre certaines espèces consacrées comme distinctes par les auteurs américains, des rapports tels, que, en bonne conscience, nous serions bien tentés aussi d'en faire disparaitre quelques-unes. »

(2) Cet auteur estimait à dix espèces le nombre des Unionidées européennes : sept *Unio*, une *Margaritana*, une *Monocondylea*, et une *Anodonta*. Il n'a donc pas soupçonné l'existence des pseudanodontes ; cependant il n'est guère admissible qu'il n'ait pas reçu quelque échantillon de l'*Anodonta complanata*, de Ziegler ; et dès lors, s'il n'a pas su distinguer cette espèce des autres anodontes, on ne peut s'empêcher de soupçonner fortement la justesse de ses appréciations.

définies comme l'a été, au chapitre précédent, la *Pseudanodonta Ararisana*.

On pourrait appeler *mixiologiques* (1) les espèces de la première catégorie, et *géographiques* les espèces de la seconde; ces dernières pourraient aussi être qualifiées de simples *races localisées*, lorsque leur parenté très étroite avec quelque autre espèce à large domaine, semblerait évidente.

Or, il est possible de trouver des stations où deux espèces *mixiologiques* cohabitent, sans présenter d'intermédiaires. Dans le lac de Neuchâtel, dans le port même de la ville, j'ai recueilli en 1878, un assez grand nombre d'anodontes, qui m'ont été déterminées par Bourguignat lui-même : d'une part, *oblonga* et *Saint-Simoniana;* d'autre part, *anatina*, *Ressmanni*, *Pictetiana*, *Desori* et *Broti*. Ces deux groupes sont bien distincts; il me reste 43 échantillons de cette station, et après un nouvel examen très minutieux, que je viens de faire, je constate, une fois de plus, qu'il n'y a aucun intermédiaire entre eux.

Le premier groupe a la coquille bien plus grande, d'un quart ou même d'un tiers, plus mince, moins solide, nuancée de vert, les bords supérieurs et inférieurs presque parallèles; tandis que, dans le second groupe, l'épiderme est d'un jaune à peine verdâtre, le bord est incliné (mode *obliquus*), et l'angle postéro-dorsal bien accusé. En outre, caractère qui paraîtra peut-être insignifiant à plusieurs, mais qui n'en est pas moins fort net, et fort bon, dans ce second groupe l'âge de la coquille est très facile à déterminer, chaque arrêt annuel de développement étant marqué par une ligne plus sombre, et faisant saillie (les coquilles de ce groupe sont adultes à 7 ou 8 ans, et ne semblent pas dépasser cet âge); dans le premier groupe, au contraire, il est impossible de distinguer

---

(1) Voir la note de la page 160.

nettement les arrêts de développement, toute la surface de la coquille étant comme plissée, et aucune ligne plus sombre ne signalant ceux de ces plis qui correspondent aux arrêts de croissance. Enfin, les rides qui ornent les sommets sont aussi assez différentes, dans l'une et l'autre de ces deux espèces.

J'appellerai la première *Anodonta cygnea*, et la seconde *Anodonta anatina*.

Dans le premier groupe, *A. cygnea*, les échantillons déterminés *oblonga* par Bourguignat sont ceux qui présentent le mode *elongatus*, et les *Saint-Simoniana* ceux qui présentent le mode *elatus*. Il y a, bien entendu, tous les intermédiaires imaginables, entre ces deux variations.

Dans le second groupe, *A. anatina*, les échantillons étiquetés *anatina* par Bourguignat, se rapportent bien à la forme « en fer de lance » de la figure 268, p. 275, des *Coquilles des eaux douces et saumâtres de France* de M. Locard. La *Ressmanni* est un très vieil individu, ayant l'angle postéro-dorsal tout à fait oblitéré, et présentant dès lors, vu son grand âge (taille plus grande, forme plus allongée) presque la dimension et la forme des *oblonga* de l'autre groupe, mais sans qu'il puisse y avoir toutefois l'ombre d'un doute sur sa parenté avec les *anatina* du second groupe pour quiconque ne se borne pas à considérer exclusivement le profil de la coquille. La *Pictetiana* était un échantillon (1) ayant le *corselet* très développé (portion de la coquille située au-dessous du ligament postérieur, et qui est relevée en forme de crête), et présentait tout à fait le profil de la figure type de Brot (fig. 1, pl. vii, 1867, Nayades du Léman). Les *Desori* sont des *anatina* ayant le profil de la figure 2, pl. V, de Brot (son *anatina typica*). Enfin les *Broti* sont des *anatina* ayant le profil de la figure 3, pl. VII, de Brot (son *anatina* var. *rostrata*).

(1) Cet échantillon est actuellement à Genève, dans la collection Bourguignat, car celui-ci, qui alors ne possédait pas cette forme, m'avait prié très instamment de le lui donner.

J'ai retrouvé ailleurs les *A. cygnea* et *anatina* cohabitant, sans intermédiaires, dans différentes stations, par exemple dans la Saône et dans la Charente. Mais j'ai cité le port de Neuchâtel parce que c'est là que j'ai pu recueillir le plus grand nombre d'échantillons des deux espèces, et que je puis indiquer, avec le plus de certitude, ce fait très important, qui nous permet déjà de distinguer *deux vraies espèces* d'anodontes.

Si maintenant, prenant cette station du lac de Neuchâtel comme point de départ, j'examine les anodontes des stations voisines, je vois la *cygnea* se représenter, non toujours identique, mais sous différentes autres formes très peu différentes, dans les lacs de Morat, de Genève, d'Annecy, d'Aiguebelette, de la Thuile (près Montmélian, en Savoie), dans le lac du Parc de la Tête-d'Or à Lyon, dans la Saône, la Charente, etc.; et pareillement, l'*anatina* s'étendre aussi, sous différentes formes plus ou moins voisines du modes *normalis* de Neuchâtel, dans les lacs de Morat, de Genève, dans le lac du Parc de la Tête-d'Or à Lyon, dans la Saône, etc.

Ainsi donc, premier point rigoureusement établi, selon moi, il y a *au moins deux espèces* d'anodontes en France. Malheureusement, les matériaux dont je dispose ne m'ont pas permis d'étendre beaucoup plus loin mes investigations; du moins je n'ai plus à indiquer maintenant que des aperçus, des probabilités, des hypothèses.

La seule méthode rationnelle, pour l'étude sérieuse du genre *Anodonta*, serait en effet la suivante : examiner successivement le plus grand nombre possible de colonies, définir exactement la race locale qui constitue chacune d'elles, et comparer ensuite toutes ces races, pour les grouper, s'il y a lieu, en espèces. La définition de chaque race comprendrait : 1° la description du mode *normalis*, autour duquel oscillent les variations individuelles; 2° les descriptions de ces variations elles-mêmes, c'est-à-dire l'indication, pour chaque caractère, des extrêmes en plus ou en moins, que présentent les individus les plus éloignés du mode *normalis*. C'est ainsi que, dans l'étude des races humaines, les anthropologistes cherchent à déterminer, successivement, pour chaque caractère susceptible de mesure : 1° la moyenne ; 2° les *maxima* et *minima*.

Or, si j'ai pu étudier de la sorte une quinzaine, tout au plus, de colonies d'anodontes, celles que j'ai explorées moi-même (1), pour toutes les autres, en très grand nombre, dont j'ai eu entre les mains quelques représentants, je n'ai eu que des documents très insuffisants, un trop petit nombre d'échantillons, souvent 3, 2, ou même un seul individu, et encore ces individus étaient-ils très souvent les plus anormaux, les plus exceptionnels de leurs colonies respectives.

Je fais exception, toutefois, pour les anodontes d'Elbeuf, dont la colonie m'est assez bien connue, maintenant. Les 53 échantillons que j'ai reçus directement, pour être déterminés, et qui avaient bien probablement été récoltés sans choix, m'ont parfaitement montré quel était le mode *normalis* de cette colonie ; j'ai déjà dit que c'était le type de l'*A. Caletengis*, sauf en ce qui regarde la convexité des valves. D'autre part l'échantillon de la coll. Locard étiquetée *blaca*, et celui étiqueté *mea*, représentent respectivement, et à peu près, les extrêmes d'allongement (mode *elongatus*) et de raccourcissement (mode *elatus*) de la coquille ; le type de l'*A. pentagona* est aberrant, à profil subpentagonal, cette forme de profil constituant aussi, mais plus atténuée, la caractéristique de l'*A. labelliformis ;* et enfin 3 échantillons sur les 53 reçus directement d'Elbeuf, présentaient une autre modalité ex-

---

(1) Les circonstances ont fait, en outre, qu'appelé à résider depuis 1880 dans la Provence, c'est-à-dire dans une région où les Unionidées sont rares, je n'ai presque plus eu, dès lors, l'occasion de récolter des anodontes.

trême : le sommet très antérieur (mode *prolatus*), à tel point que le profil de la coquille, absolument étrange, se rapprochait beaucoup de celui de l'*U. rhomboideus*.

Nous avons déjà vu comment sont établies un très grand nombre des « espèces nouvelles » des auteurs modernes : ce sont bien souvent les individus aberrants qui sont élevés au rang d'espèce. J'ai déjà indiqué, à propos de l'*H. cespitum*, comment on peut, dans un fort lot de coquilles de cette espèce, obtenir l'*H. armoricana* de Bourguignat, en cherchant l'échantillon le plus globuleux, et l'*H. introducta* de Ziegler, *teste* Bourguignat, c'est-à-dire l'*H. introducta* de Bourguignat, en cherchant l'échantillon le plus déprimé. Pareillement, nous voyons ici que si M. Locard a pu trouver *huit* « espèces » différentes parmi les anodontes de la Seine, entre Elbeuf et Rouen, c'est au moyen des variations individuelles extrêmes, c'est-à-dire au moyen d'échantillons en quelque sorte anormaux.

Lors donc que j'avais en main tous les échantillons de la collection Locard, je n'étais guère avancé pour cela ; en présence de chaque sujet je me demandais, sans pouvoir répondre : est-ce là le mode *normalis* de cette station, ou est-ce un individu aberrant ? Et M. Locard lui-même, n'aurait pu d'ailleurs, dans la plupart des cas, me donner lui non plus, de réponse positive (1).

Ce qu'il me reste à dire, concernant les anodontes de France,

---

(1) Tous les vrais naturalistes conviendront de la nécessité, lorsqu'on se trouve en présence d'un groupe d'individus très polymorphes, provenant de la même colonie, de distinguer avec soin le mode *normalis*, c'est-à-dire la forme, en quelque sorte idéale, autour de laquelle oscillent toutes les variations. M. Locard lui-même a parfaitement senti cette nécessité dans une autre circonstance : en 1879 (Observations paléontologiques sur les couches à *Ostrea Falsani*, in : Bull. Soc. géol. France, 3 février 1879, p. 310), il a dit, en parlant de la figuration précédemment donnée par lui de l'*Ostrea Falsani* (Descr. faune molasse, in : Arch. Museum Lyon, 1878, vol. II) : « Depuis la publication de notre travail nous avons dû reconnaître que notre figuration ne représentait peut-être pas *le type le plus commun et le plus répandu* dans cette station. Nous complétons aujourd'hui cette donnée première par la reproduction de nouvelles formes offrant *plus de rapport avec la majorité des échantillons*. »

se réduit donc à peu de chose : je transcrirai simplement les notes que j'avais rédigées en 1891, après l'examen minutieux de toutes les anodontes de ma collection, et de toutes celles que m'avait confiées M. Locard.

Anodonta cygnea. Coquille *grande, allongée;* valves comme *plissées*, à plis parallèles aux lignes d'accroissement; *la coquille jeune est nettement allongée;* les rides des sommets sont assez fines, *nombreuses*, non ou très peu flexueuses, *à peu près exactement parallèles aux lignes d'accroissement.*

J'ai récolté cette espèce dans le lac de Neuchâtel (Suisse); dans le lac de la Thuile (Savoie); dans le lac d'Aiguebelette (Savoie); dans le lac du Parc de la Tête-d'Or à Lyon, et dans les fossés du fort de la Vitriolerie, aussi à Lyon; dans la Saône, à Vonges (Côte-d'Or); dans la Grosne, près Mâcon (Saône-et-Loire); dans l'étang de Mayrannes, dans la Crau (Bouches-du-Rhône); dans le canal de Beaucaire, à Saint-Gilles (Gard); dans la Charente, à Angoulême.

Je l'ai reçue du lac Morat (Suisse); du Drugeon, affluent du Doubs; de l'Indre, au Rippault (Indre-et-Loire). Toutefois, pour ces dernières anodontes de l'Indre, il y a de notables différences avec toutes les autres *cygnea* précédemment citées : forme bien moins allongée, épiderme de couleur verte, rides du sommet presque nulles, et disposées; semble-t-il, d'une manière spéciale. C'est peut-être une autre espèce, ou une race locale très caractérisée.

En outre, je rattacherai à cette *cygnea* les échantillons énumérés ci-après de la collection Locard : *Nevirnensis*, de Saint-Laurent-d'Ain (Ain); *Hecartiana*, type, de la Saône à Lyon; *Locardi*, de la Saône à Lyon; *Forschameri*, de Condal (Saône-et-Loire); *Charpyi* et *lyrata*, du lac de Bouverans (Doubs); *acyrta*, de Manonville (Meurthe-et-Moselle); *fragillima*, de l'étang de la Clayette (Rhône); *Trinurcina*, du lac de Malpas (Doubs); *glossodes*, de Varennes-Saint-Sauveur (Saône-et-Loire); *Perroudi*, type, du confluent de la Saône et du Rhône; *Saint-Simoniana*, du lac du Bourget; *Annesiaca*, du lac d'Annecy; *Euthymeana*, type, et *macrostena*, du Menthon, affluent de la Veyle (Ain); *condatina*, de la mare de Bouillon, près Granville (Manche); *cariosula*, des environs de Trévoux (Ain); *ellipsopsis*, du Rhône à Valence; *mantuacina*, de la Grande-Garonne, près Fréjus (Var); *Henriquezi*, des environs de Reims (Marne); et enfin l'échantillon étiqueté *Pseudanodonta Pechaudi*, de la Grosne (Saône-et-Loire), qui est identique à mon numéro 3562 (mais celui-ci légèrement plus grand), lequel provient du canal d'Ille-et-Rance, près de Rennes, et avait été déterminé *fragillima*, par Bourguignat, d'après le témoignage de M. Ancey fils.

A. anatina. Coquille plus petite que celle de la *cygnea*, *moins allongée*, test mince, mais *solide ;* souvent à *crête postérieure ;* rides du sommet *fines, nombreuses,* non ou très peu flexueuses, en général parallèles au ligament, et dès lors *coupant obliquement les lignes d'accroissement.*

J'ai récolté cette espèce dans le lac de Neuchâtel (Suisse) ; dans la Saône, à Vonges (Côte-d'Or) ; dans le lac du Parc de la Tête-d'Or ; dans le Ternin, à Autun ; dans la Loire, à Roanne ; dans la Charente, à Angoulême.

Je l'ai reçue du canal d'Ille-et-Rance, à Rennes ; de la Laignes, aux Riceys (Aube) ; de Brainans (Jura) ; de Gigny (Jura) ; du lac de Genève, à Évian (Haute-Savoie) ; et du lac Morat (Suisse).

En outre, je rattacherai à l'*A. anatina* les échantillons ci-après énumérés, de la collection Locard : *thripedesta*, type, de Montluçon (Allier) ; *Loppionica*, de l'Arconce, à Charolles (Saône-et-Loire) ; *subquadrangulata*, type *Burgondina*, type, *sigela* et *subinornata*, de Varennes-Saint-Sauveur (Saône-et-Loire) ; *Anceyi*, de la Loire, à Nantes ; *Marsolinæ*, d'Avignon ; *Auboisica*, de la Loire, à Ingrandes (Maine-et-Loire) ; *philypna*, de la Loire à Saumur (Maine-et-Loire) ; *nitula*, type, du Rhône, à Vienne ; *Nicolloni*, type, de la Loire à Nantes ; *callosæformis*, de Châtillon-sur-Seine (Côte-d'Or) ; *sedentaria*, de la Moine, à Cholet (Maine-et-Loire) ; *Alsterica*, de la Loire, à Basse-Indre (Loire-Inférieure) ; *indetrita*, de l'étang de Mayranne (Bouches-du-Rhône) ; *tricassina*, de Basse-Indre (Loire-Inférieure) ; *nitefacta*, type, de la Saône, à Neuville-sur-Saône (Rhône) ; *Journei* et *miranella*, de la Saône, à Collonges (Rhône) ; *Picardi*, d'Avignon ; *Sourbieui*, de l'étang de Jouarre (Aude) ; *trianguliformis*, de la Rille, à Pont-Audemer (Eure) ; *chresimella*, de la Saône à Rochetaillée (Rhône) ; *abbreviata*, du lac d'Annecy ; *Alsatica*, type, et *invicta*, type, du canal du Rhône au Rhin, près Mulhouse, toutes deux très voisines de la *Pictetiana* de Brot ; *fœdata*, du Menthon (Ain) ; *colloba*, de Passavant (Haute-Saône) ; *Suranica*, de la Canne (Nièvre) ; *Autricensis*, type, de l'Eure, à Chartres (Eure-et-Loir) ; *perardua*, du Solnan, à Villeneuve (??) ; *spiridionis*, *icana* et *ovularis*, de Marboz (Ain) ; *Thibauti*, de la Saône, à Auxonne (Côte-d'Or) ; *Krapinensis*, du Torrin (??), à Villeneuve (??) ;

gabatiformis, type, et *Arnouldi*, de la Loire, à Nantes (les sommets de ce dernier échantillon ne sont pas du tout corrodés ; cet *Arnouldi* vient-il réellement de la Loire, à Nantes ?) ; *Orivalensis*, de la Loire à Ingrandes (même observation que pour l'échantillon précédent) ; *doeopsis*, de Boisvieux (Jura) (??) ; *glabra*, de la Couze, à Issoire (Puy-de-Dôme) ; *Servaini*, de la Veyle (Ain) ; *sterra*, de la Loire, à Balbigny (Loire) ; et l'échantillon étiqueté *Pseudanodonta Normandi*, de la Noë (Calvados) (?), lequel est identique comme profil à mon numéro 3148, de l'Albane (Côte-d'Or), mais à test plus mince, plus délicat, plus fragile ; les rides du sommet elles aussi sont identiques.

Bien des échantillons de la liste précédente ont le test *épais* et *solide* ; ne devrait-on pas les rattacher plutôt à la *solida* ?

A. solida (nom provisoire). Coquille un peu plus allongée, en général, que celle de l'*anatina* ; plus épaisse, *très solide* (diffère surtout en cela de l'*anatina*) ; habite les ruisseaux à eaux vives, à fond de sable ou de gravier, tandis que l'*anatina* habite au contraire les eaux tranquilles, à fond sableux ou vaseux ; diffère encore de l'*anatina* par l'absence de crête postérieure (ce qui provient vraisemblablement aussi de l'influence du milieu) ; rides du sommet fines, nombreuses, plus ou moins flexueuses, *obliques par rapport aux lignes d'accroissement* ; sommets souvent très antérieurs, d'où une obliquité plus grande de la normale au sommet, par rapport au grand axe du contour apparent. Grand polymorphisme, qui semble résulter de l'habitat particulier, le milieu étant bien plus variable que pour les *anatina* et *cygnea* ; chaque ruisseau a sa race locale, pour ainsi dire.

J'ai récolté la *solida* dans l'Yvette, à Orsay, près Paris, et à Vonges (Côte-d'Or), dans l'Albane, affluent de la Bèze, qui l'est de la Saône, Ces deux colonies me sont bien connues, car j'ai conservé de chacune. un assez grand nombre de sujets ; différentes anodontes de l'Yvette m'ont été déterminées par Bourguignat : *inornata*, *illuviosa*, *tritonum* et *Westerlundi* ; et celles de l'Albane : *Dupuyi* et *Coutagnei*.

En outre, je rattacherai à la *solida* les échantillons ci-après énumérés de la collection Locard : *fallax* et *Ogerieni*, de Gigny (Jura) ; *campyla*, du Tarn, aux environs d'Albi ; *glischra*, de l'Yvette, à Orsay, échantillon récolté et donné par moi (ce qui fait *cinq* « espèces » différentes pour cette seule colonie !) ; *invenusta*, de Châtillon-sur-Seine (Côte-d'Or) ; *ripariopsis*, type, et *nanusopsis*, type, de la Vallière, à Montmorot, près Lons-le-Saunier (Jura) ; *Marbozensis*, type, *aequora* et *popularis*, de Marboz (Ain) ; *Lortetiana*, type, du ruisseau de la Salle (Saône-et-Loire) ; *unioni-*

formis, de Saint-Julien (Jura), et *eunotaia*, de Saint-Julien (Ain); mais il y a certainement une erreur sur la provenance de ces échantillons; tous deux, envoyés par M. Charpy, et portant la même étiquette manuscrite de ce collectionneur, proviennent *certainement* de la même station; ce doit-être Saint-Julien-sur-le-Suran (Jura), et non Saint-Julien-sur-Reyssouze (Ain); *manculopsis*, type, *spathuliformis*, type, *Coutagnei* et *nefaria*, de Saint-Amour (Jura); *glabrella* et *idrinopsis*, type, de la Brizotte (Côte-d'Or); *Westerlundi*, de l'Esse, à Manonville (Meurthe-et-Moselle); *siliquiformis*, type, *Financei*, type, et *Jurana*, type, de Bois-Vieux (Jura) (où est-ce?); *Indusiana*, de la Loire, à Nantes (pourrait aussi bien être rattaché à *anatina* ou à *cygnea*, à ne considérer que cet échantillon); *Issiodurensis*, type, de la Couze, à Issoire (Puy-de-Dôme), même observation que pour l'échantillon précédent; *Loroisi*, de la Grosne, à la Ferté (Saône-et-Loire); *Solnanica*, de la Brenne, à Vers (Jura); *glycella*, type, et *Doei*, du Menthon (Ain), affluent de la Veyle, près Mâcon; *segnis*, du Torrin, à Villeneuve (Saône-et-Loire); *pelecina*, type, de Brainans (Jura); *Cadomensis*, type, de Caen (Calvados); *aresta*, de Montafroid (Jura) (où est-ce? le type de cette prétendue espèce est de Saint Sulpice... sans autre indication; or il y a quarante-huit Saint-Sulpice, en France; lequel est-ce?); *mansueta*, de l'Aure supérieure, à Bayeux (Calvados); *glyca*, encore de Montafroid (?); et l'échantillon étiqueté *Pseudanodonta imperialis*, de la Vie, près Crévecœur (Calvados), lequel est presque identique à celui étiqueté *A. invenusta*, de Châtillon-sur-Seine.

A. Armoricana (nom provisoire). Test *remarquablement épais*, presque aussi épais que celui de l'*Unio rhomboideus;* en outre, forme toute particulière, *à région postérieure effilée*, ce qui donne à la coquille un profil très analogue à celui, si caractéristique, de l'*Unio tumidus*.

Cette description se rapporte à deux échantillons de la collection Locard; ils sont étiquetés *spondea*.

Serait-ce l'*anatina*, qui dans la Loire-Inférieure deviendrait de la sorte si épaisse, de même que dans le cours inférieur de la Seine elle deviendrait *Sequanica*, et dans le cours inférieur du Rhône *Rhodanica?* Toutefois, c'est la *Ligerica* qui semble être, dans la Loire, la forme *major* de l'*anatina*, homologue en quelque sorte des *Sequanica* et *Rhodanica*, et les *Ligerica* ne sont pas aussi épaisses, tant s'en faut, que les deux *Armoricana*, et n'ont pas en outre la forme spéciale de ces dernières.

Il faut noter cependant que quelques échantillons de la collection Locard semblent intermédiaires entre les deux *Armoricana*, de Nantes, et les

Ligerica, elles-mêmes si peu différentes de l'*anatina* ; ce sont ceux étiquetés : *dinellina*, *Gueritini* et *Florenciana*, type, de la Drée, à Épinac (Saône-et-Loire); *rhynchota* et *elodea*, de la Loire, à Nantes.

En somme, espèce distincte, ou variété très aberrante, impossible d'avoir une opinion, sur l'examen de *deux* seuls échantillons.

A. Rhodanica (nom provisoire). J'ai récolté dans les losnes du Rhône, en face d'Aramon, des Anodontes très solides, à profil d'*anatina*, mais de si grande taille, et à test si épais, si solide, que je les distingue pour le moment sous un nom distinct. Les rides du sommet sont bien celles de l'*anatina*, obliques par rapport aux lignes d'accroissement. Trois échantillons de cette colonie m'ont été déterminés par Bourguignat : *exocha*, *Dantessantyi* et *Marioniana*.

Dans la collection Locard il y a quatre échantillons, tous du Rhône inférieur, que je rattache à cette même espèce, ou race; ils sont étiquetés : *Dantessantyi*, *Avenionensis* (type), *episema* et *meridionalis* (type).

J'ai eu l'occasion, aussi, d'examiner un fort lot d'Anodontes, que M. le commandant Caziot m'avait adressées, et qui provenaient toutes du Rhône, aux environs d'Avignon. Sur quarante-deux échantillons j'ai trouvé :

1° 5 *A. Rhodanica*, bien caractérisés (étiquetés *Arnouldi* et *Milleti*).

2° 2 autres *Rhodanica*, moins bien caractérisés; peut-être des hybrides ou métis avec la *cygnea* ? Ils étaient étiquetés *Arnouldi*.

3° 5 jeunes, peu ou point caractérisés : *Rhodanica*, *cygnea*, ou croisement entre les deux ?

4° Tout le reste, 30 échantillons, ne sont pour moi que la *cygnea* (étiquetés *episema*, *ventricosa*, *Hecartiana*, *Doei*, *rostrata*, etc.).

A. Sequanica... (1).

A. Ligerica (nom provisoire). Diffère de l'*anatina* par sa *taille plus grande*, son test *plus épais, très solide*, et *la convexité des valves plus grande*. Les sommets sont toujours rongés dans la Loire; on ne peut donc pas les comparer à ceux des autres anodontes. Il faudrait pour cela recueillir des jeunes larves, au moment de leur mise en liberté, et les élever dans une eau non acide.

Le type de cette *Ligerica* est pour moi mon échantillon 3470, individu qui me semble représenter le mode *normalis* d'une colonie que j'ai trouvée, en 1881, dans la Loire, un peu en amont de Roanne.

---

(1) Voir précédemment page 127.

Je rattache à cette espèce, ou race, les échantillons ci-après énumérés de la collection Locard : *cyrtoptychia*, de la Loire, à Ingrandes (Loire-Inférieure); *Germanica*, de la Loire, à Nantes. Et peut-être aussi : *Spengleri*, de la Loire, à Villerest, près de Roanne ; *Riqueti*, de la Loire, à Nantes ; et *Friedlanderiana*, de la Loire, à Basse-Indre (Loire-Inférieure). Mais à vrai dire, ces trois derniers échantillons ne diffèrent pour ainsi dire pas des *anatina*, mode *major*, de l'Est de la France.

A. Pyrenaica (nom provisoire). J'adopte ce nom pour un seul échantillon, celui étiqueté *Pyrenaica*, type, de la collection Locard, et provenant de la Sare (Basses-Pyrénées). C'est à peu près, comme profil, l'*A. solida*, mais tellement plus grande, et le test si notablement plus épais et plus solide, que, provisoirement tout au moins, je crois bon de l'en séparer.

A. Helvetica (nom provisoire). Identique comme caractères morphologiques à la précédente... si toutefois on peut parler des caractères d'une race dont on ne connaît qu'un seul échantillon ! mais son domaine semble très différent, et cela justifie une séparation provisoire.

Je rattache à cette espèce, ou race : 1° l'échantillon de la collection Locard étiqueté *Sebinensis*, du lac d'Annecy ; 2° les échantillons 3371 et 3374 de ma collection, échantillons qui m'ont été donnés par M. Locard, en 1882, comme provenant du lac de Neuchatel, et comme ayant été déterminés par Bourguignat, l'un *Cherpentieri*, l'autre *illuviosa* ; 3° l'*A. Culoxiana*, de M. Nicolas, de Culoz (Ain) (1), que je connais par un échantillon, provenant de Culoz même, qui m'a été obligeamment communiqué par M. le commandant Caziot.

Enfin, j'indiquerai sept échantillons de la collection Locard, qu'il m'est bien difficile de classer dans les neuf groupes (espèces ou races) que je viens de définir. Ce sont :

1° *ponderiformis*, de la « Meurthe-et-Moselle » (où?); apparence de *cygnea*, mais test très épais et très lourd ; M. Locard m'a donné deux échantillons (3678 et 3679 de ma collection), provenant de la Loire, à Nantes, qui sont à peine différents.

2° *subluxata*, de la Canne, à Saint-Saulge (Nièvre); *test épais* ; est-ce une variété major de la *solida*, c'est-à-dire de l'*anatina?* L'épiderme est noir, les sommets sont corrodés, la nacre est olivâtre, tous caractères des rivières acides.

(1) 1890, *Mémoires de l'Académie de Vaucluse*, p. 139 à 150.

3° *Deperetiana*, type, de la Tech, au sud de Perpignan. Semble identique à mon numéro 3368 d'Algérie (du lac Oubeirah, près la Calle, reçu du docteur Hagenmuller en 1882, sous le nom de *Numidica*) ; sorte de grande *anatina*, à test très mince; stries sur l'épiderme, en lignes divergeant du sommet, comme les Pseudanodontes ; épiderme jaune marron avec des rayons verts.

4° *Milleti*, de la Clayette (Saône-et-Loire) ; forme très singulière ; semble une *cygnea* remarquablement écourtée, car son test est plissé et, non lisse comme celui des *anatina*.

5° *Brebissoni*, type, de Condé-Folie (Somme); sorte de gigantesque *anatina*, moins grande cependant que certaines *Rhodanica*, à valves très bombées; ou *cygnea*, à bord inférieur très arqué et, à convexité très accusée? A voir les rides du sommet et le profil des jeunes, on dirait plutôt *anatina*. Test moins épais que celui des *Rhodanica*.

6° *ataxiaca*, de l'ancien étang de Jouarre (Aude). Sorte de grande *anatina*, mais allongée, plus que les *Rhodanica* et les *Sequanica* (aussi allongée que l'échantillon de *Sequanica* que j'ai dessiné, le 2 août 1891, comme étant le plus allongé des 61 *Sequanica* que j'ai pu examiner).

7° *Carvalhoi*, de « Provence » (où?), et *Carvalhopsis*, de Bois-Vieux (Jura) (?), sont des sortes de *Solida*, à profil d'*Unio*, mais *très grandes* ; elles présentent toutes deux le mode *sinuatus*, ce qui est assez rare, en somme, chez les anodontes, et c'est là ce qui leur donne une apparence d'*Unio*.

Parmi ces sept échantillons *incertæ sedis*, il y a peut-être quelques espèces distinctes, ou encore des représentants de races bien tranchées, méritant d'être distinguées... à moins que ce ne soit que des échantilllons anormaux, exceptionnels, qui au contraire ne mériteraient aucune attention, en l'absence de matériaux suffisants pour déterminer les modes *normalis* des colonies dont ils proviennent.

Pour résumer en quelques mots la longue discussion que je viens de transcrire, je dirai que le tableau des anodontes de France est actuellement, pour moi, le suivant :

     ! *A. cygnea.*
     ! *A. anatina.*
     ? *A. Armoricana.*
     ? *A. Rhodanica.*
     ? *A. Sequanica.*

?? *A. solida.*
?? *A. Ligerica.*
?? *A. Pyrenaica.*
?? *A. Helvetica*

Soit, en somme, deux espèces certainement distinctes, la *cygnea* et l'*anatina* ; et sept espèces douteuses ou très douteuses, qui ne sont très probablement que des races locales plus ou moins aberrantes de l'*anatina*. La *Rhodanica* serait peut-être même une race métisse entre *cygnea* et *anatina*; ces deux espèces seraient donc peut-être dans une situation réciproque tout analogue à celle des *H. nemoralis* et *hortensis* : tantôt, dans certaines stations, les deux espèces ne se croiseraient pas, et on n'observerait aucun intermédiaire; tantôt, dans d'autres stations (le Rhône inférieur), il y aurait croisement, et par suite on verrait des intermédiaires plus ou moins nombreux. Cela expliquerait comment il se fait que si souvent on trouve des échantillons très énigmatiques, qu'on ne sait à quelle espèce rattacher, *cygnea* ou *anatina*. Mais, encore une fois, ce ne sont là que des aperçus, et des hypothèses : l'étude consciencieuse et méthodique d'un grand nombre de colonies distinctes est absolument nécessaire pour élucider toutes ces questions difficiles, et fort délicates.

Répétons, encore une fois, avant de conclure, que les prétendus noms spécifiques des auteurs modernes, tels que les 251 noms d'anodontes de M. Locard, ne correspondent pas du tout à des espèces, mais tout simplement à des combinaisons de caractères, combinaisons que l'on peut même parfois rencontrer chez plusieurs espèces différentes. C'est ainsi, comme je l'ai dit précédemment, que le nom *Helix Dantei* représentait, pour Bourguignat, une certaine forme de coquille, qui, en fait, peut se rencontrer chez deux espèces voisines, mais très distinctes, les *H. cespitum* et *neglecta*. Si nous trouvons cette fois un nombre aussi considérable de noms, 251 pour deux espèces seulement — car c'est bien probablement à ce nombre *deux* qu'il en faudra venir, en dernière analyse — cela provient, non seulement du polymorphisme très étendu des *A. cygnea* et *anatina*, mais encore, et surtout, de la facilité avec laquelle on peut juger, sans aucun instrument, loupe ou microscope, des caractères de forme de la coquille. La dimension de ces coquilles est telle, que l'on peut pousser, jusqu'aux plus extrêmes limites, l'analyse la plus minutieuse des moindres nuances.

Je ne me suis fait aucun scrupule de reprendre les noms déjà employés de *Rhodanica*, *Sequanica*, *Ligerica*, etc.; mais je leur ai donné, provisoirement, un sens tout différent, à la fois morphologique et géographique, en quelque sorte. On verra d'ailleurs bientôt que je ne m'astreins pas du tout aux règles généralement suivies jusqu'à ce jour, concernant la priorité des noms, dans la nomenclature, ou du moins à celles de ces règles qui ne sont que des entraves s'opposant à tout mouvement scientifique sérieux.

En résumé, l'étude du genre *Anadonta* est entièrement à reprendre. On devra procéder, pour les recherches des espèces de ce genre si difficile, comme font les anthropologistes pour rechercher, dans la population d'un grand pays, les différents éléments ethniques qui en ont été les facteurs distincts : on devra déterminer, dans chaque colonie, et pour chaque caractère, d'une part la moyenne, et d'autre part les *maxima* et *minima*. En d'autres termes, il faudra pour chaque colonie, définir le mode *normalis*, et les modes extrêmes entre lesquels oscillent, de part et d'autre du mode *normalis*, tous les caractères variables des individus. Ce n'est qu'après que l'étude consciencieuse d'un grand nombre de colonies aura été faite de la sorte, qu'on pourra établir la nomenclature définitive du genre *Anodonta*, c'est-à-dire exprimer, au moyen de noms d'espèces, de races, de variétés et de modes, le polymorphisme et la distribution géographique actuelle des anodontes.

CHAPITRE XI

DÉFINITION DE L'ESPÈCE

Le moment est enfin venu de faire la synthèse des différents faits que j'ai rapportés et analysés jusqu'ici. Comment devons-nous concevoir l'*espèce*?

Ainsi que je l'ai déjà dit, à la fin du chapitre premier, ceux qui se bornent à considérer les *formes*, et qui les appellent « espèce », c'est-à-dire ceux qui n'envisagent exclusivement que le point de vue morphologique, en arrivent logiquement à ne voir dans l'espèce qu'un groupement conventionnel, établi pour la commodité de la classification.

La classification, ainsi comprise, serait bonne à la rigueur si les individus à classer étaient des objets inorganisés, des objets d'art, par exemple, qu'on ne peut classer autrement, dans un musée, que d'après leur forme, *lorsque toutefois ils ont la même origine*. C'est ainsi que dans un musée céramique, les différentes pièces, *d'une même fabrique et d'une même époque*, ne peuvent guère être classés autrement que d'après leur forme extérieure, en : assiettes, plats, gourdes, statuettes, etc.

Mais appliquer un pareil système aux plantes et aux animaux, c'est refuser de tenir compte d'une foule de phénomènes, qui sont bien autrement importants que l'apparence extérieure que présentent les êtres organisés.

Dans tout individu vivant, il y a autre chose que cette apparence extérieure, *ce qu'on voit* est peu de chose comparé à *ce qu'on ne voit pas*, c'est-à-dire comparé aux phénomènes de l'évolution individuelle, et aux phénomènes de l'hérédité, qui sont, en somme, les seuls vraiment caractéristiques de la *vie*. Les êtres organisés, « considérés en dehors de ces phénomènes évolutifs et héréditaires (et en dehors bien entendu des phénomènes psychiques), ne sont après tout que des assemblages d'organes en tout comparables, quoi qu'infiniment plus perfectionnés, aux machines que l'homme imagine et construit pour son usage, et ne relèvent, comme elles, que des lois physico-chimiques du règne minéral (1) ». Or, que dire d'un système de classification des êtres vivants qui précisément néglige de tenir compte des seuls phénomènes vraiment caractéristiques de cette catégorie d'êtres? Car, si nous classons les animaux et les plantes, ce n'est pas simplement pour les classer, c'est-à-dire pour en dresser un inventaire détaillé; ce serait là un point de vue singulièrement étroit. Mais c'est aussi, et surtout, pour étudier, et exprimer les lois générales auxquelles ils sont soumis. Claude Bernard a dit : « le problème de la physiologie ne consiste pas à rechercher dans les êtres vivants les lois physico-chimiques qui leur sont communes avec les corps bruts, mais à s'efforcer de trouver au contraire, les lois organotrophiques ou vitales qui les caractérisent (2) ». Mais l'étude de ces lois vitales, que le savant physiologiste croyait réservée à sa science favorite, est bien plutôt du domaine de l'histoire naturelle générale ; et tandis que les physiologistes, suivant en cela

---

(1) De l'influence de la température sur le développement des végétaux, *in : Ann. Soc. bot. Lyon*, 1881, p. 82.

(2) *De la physiologie générale*, 1872, p. 182.

l'illustre exemple que leur a précisément donné Claude Bernard, poursuivent principalement l'étude des phénomènes physico-chimiques que présentent les êtres organisés, ce sont les naturalistes classificateurs qui amassent patiemment, et dans l'ombre, avec les géologues et les géographes, la plupart des matériaux qui permettront de résoudre, plus tard, le grand problème de la vie, matériaux que Darvin a déjà tenté, non sans succès, de coordonner dans un premier système synthétique.

Il n'y a donc pas à s'arrêter plus longtemps à l'idée purement morphologique, et dès lors conventionnelle, de l'espèce. Il faut évidemment adjoindre à l'idée de ressemblance l'idée de filiation.

Cela nous conduit à la définition que j'ai déjà donnée comme provisoire, au chapitre 1er, définition que je répéterai ici, sous une forme un peu différente : *soit deux groupes d'individus, chacun composé de sujets pourvus de sexualités différentes ; supposons qu'il y ait croisement entre les sujets de l'un et l'autre groupe ; nous dirons que ces deux groupes sont de même espèce, si les unions sont fécondes, et à produits indéfiniment féconds* (métis) ; *nous dirons qu'ils sont d'espèce différente, si les unions sont infécondes, ou à produits inféconds* (hybrides).

Cette définition pouvait satisfaire, à la rigueur, il y a quelques années. Mais la science marche, et il faut tenir compte des progrès accomplis. Deux séries de faits, récemment acquis, mettent en relief les défauts de cette définition.

1° « Les lapins importés à l'île de Porto-Santo, les chats européens emmenés au Paraguay, les cobayes amenés d'Amérique en Europe... ne produisent plus avec les individus restés dans la patrie primitive (1) ». Faudrait-il donc admettre que

---

(1) Cornevin, 1891, *Traité de zootechnie générale*, p. 374. Il faut dire, toutefois, que ces faits ne sont pas admis par tous les naturalistes; M. F. Lataste a formulé les plus expresses

le lapin de Porto-Santo n'est plus de la même espèce que ses cousins d'Europe, et de même pour ces chats et ces cobayes, dont les unions croisées sont infécondes, quoiqu'ils soient en somme très proches parents, puisqu'ils descendent, après un petit nombre de générations, des mêmes ancêtres ?

2° Inversement, dans certains genres, tels que le genre *Vitis*, et peut-être aussi le genre *Anadonta*, la définition précédente nous conduirait à ne voir qu'une espèce, alors que tous les naturalistes s'accordent à en voir plusieurs.

L'hybridation des vignes américaines mérite de nous arrêter un instant. La crise phylloxerique qui a si rapidememt dévasté tout le vignoble français a suscité des recherches méthodiques, en vue d'obtenir, par l'hybridation entre différentes espèces de vigne, des individus jouissant d'un ensemble de qualités spéciales, que les espèces *pures* ne possèdent pas. C'est ainsi qu'on a cherché à réunir dans un même sujet, un même « cépage », la résistance au phylloxera du *Vitis rupestris*, à la résistance au calcaire du *V. vinifera* (porte-greffes pour terrains calcaires); ou encore la résistance au phylloxera du même *Vitis rupestris* avec la fructification abondante de certains sujets du *V. vinifera* (producteurs directs). Chaque année des milliers de pépins hybrides (1) sont semés, et jusqu'à présent on n'a pas rencontré d'union croisée entre deux espèces de vigne qui soit inféconde, ou à produits inféconds. Faudrait-il donc ne voir qu'une seule espèce dans le genre *Vitis* ? Aucun botaniste ne souscrirait à une pareille conclusion.

réserves à leur égard (*Actes de la Société scientifique du Chili*, t. II, octobre 1892, p. 241, et t. III, mars 1894, p. 109).

(1) Il y a toute une littérature spéciale, concernant cette branche importante de la viticulture moderne. Les *hybrideurs* de vigne sont déjà nombreux ; je citerai seulement M. G. Couderc, d'Aubenas, qui est certainement celui qui a le plus hybridé. Chaque année, et cela depuis 1888, il sème 6, 8, ou 10.000 pépins, obtenus systématiquement par des fécondations artificielles. Actuellement il a même réalisé des hybrides complexes qui renferment le « sang » de sept espèces différentes de *Vitis*.

En somme, les phénomènes d'*hybridation* et de *métissage* ne sont pas aussi radicalement distincts que le croyait de Quatrefages et les naturalistes de sa génération, et voici comment il convient d'envisager ces phénomènes à l'heure actuelle.

La variabilité d'un caractère est non seulement variable d'un genre à l'autre, ou d'une espèce à une autre, mais encore elle est variable, dans la même espèce, d'une colonie à une autre colonie. J'ai montré précédemment que certains *modes* de l'*H. hortensis* étaient parfois très localisés, dans certaines stations, et d'autres fois au contraire, disséminés çà et là, et très inégalement, dans d'autres stations ; en d'autres termes les caractères, que définissent les modes, sont tantôt très variables ici, tantôt invariables là. J'ai mis déjà en relief cette même particularité, *la variabilité de la variabilité* des caractères, si je puis m'exprimer ainsi, dans un autre travail sur le polymorphisme des Narcisses (1). Or, la sensibilité de l'appareil reproducteur est en somme un caractère tout comme un autre : il n'est pas surprenant de voir ce caractère tantôt modifié profondément par un simple changement de milieu (lapins de l'île Porto-Santo, etc.), tantôt au contraire rester permanent chez tous les individus si dissemblables d'un vaste genre *(Vitis* de l'Amérique du Nord, et peut-être *Anodonta* d'Europe).

(1) Première note sur le polymorphisme des végétaux, *in : Ann. Soc, bot. de Lyon*, t. XVIII, 1893, p. 173. — On peut consulter aussi, à cet égard, une note fort intéressante de M. Ch. Oberthur (Observation sur les lois qui régissent les variations chez les insectes lépidoptères, *in: Feuille des Jeunes naturalistes*, 1*er* novembre 1893, p. 4), dans laquelle l'auteur signale de curieuses variations dans l'ormentation des *Heliconia;* et il ajoute : « Les Guyanes, le Para, la Bolivie sont les pays où jusqu'a ce jour les *Heliconia* ont paru varier davantage, tandis que la Colombie et le sud du Brésil y semblent moins disposés. » — Voici encore un autre exemple de variabilité très inégale, suivant les régions, pour une même espèce : « L'*Abies Douglasi*, originaire du nord-ouest de la Californie, introduit en 1826, se reproduit sans variations notables, au moyen de graines venues chaque année de cette région. Mais une station de cette espece, découverte dans le Colorado, vers 1870, fournit des graines qui donnent des variations extrêmement intéressantes au point de vue ornemental. A tel point que les horticulteurs annoncent à part, et avec la mention de leur origine, les *Abies Douglasi* d'ancienne provenance, et ceux de la nouvelle (Colorado) » *(Lyon Horticole*, 15 septembre 1894, p. 341, Chronique de l'Exposition Universelle de Lyon, par M. Viviand-Morel*).*

Ne voyons-nous pas le nombre des sépales, des pétales, des étamines, des carpelles, tantôt invariable pour toutes les espèces de plusieurs genres voisins, tantôt au contraire variable dans une même espèce? Les Caryophyllées ont toujours cinq sépales : la *Clematis recta* Linné en a tantôt 4, tantôt 5. Toutes les crucifères ont quatre pétales; la *Dryas octopetala* en a tantôt 8, tantôt 9; *Evonymus europaeus* et les différents *Rhamnus* tantôt 4, tantôt 5. Les Borraginées ont toujours 5 étamines; l'*Alchemilla arvensis* en a tantôt une, tantôt deux. Toutes les Amaryllidées ont trois carpelles; les *Scirpus*, qui sont eux aussi le plus souvent trigynes, ont cependant des variétés digynes (1). Dans un cas la fixité de tel caractère, dans l'autre cas la variabilité de ce même caractère, font partie du tempérament, disons mieux : de l'*héritage*, que chaque individu a reçu de ses parents. C'est ainsi que les *Vitis* ont reçu, conservé, et transmettent encore la faculté de donner, par le croisement entre sujets d'espèces différentes, des produits indéfiniment féconds, tandis que les lapins de Porto-Santo auraient déjà perdu, au bout de quelques générations, la faculté de se reproduire avec leurs petits cousins d'Europe.

En définitive, de même que le point de vue *morphologique* ne suffit pas pour constituer des catégories rationnelles, quand on veut classer des groupes très polymorphes *(H. nemoralis* et *hortensis)*, de même aussi le point de vue *mixiologique* (2) est lui-même insuffisant, quand on est en présence de certains

---

(1) On peut citer aussi les *Saxifraga*, qui se partagent en trois sections : ovaire supère, ovaire demi-infère, et ovaire infère; tandis que l'adhérence ou la non-adhérence du calice au pistil est un caractère des plus fixes, non seulement dans un grand nombre de genres, mais encore dans la plupart des familles.

(2) De μίξις, union. Je propose ce nouveau terme, à la place du mot *physiologique* (ou du mot *généalogique* que j'ai employé dans le même sens au début du chapitre V), pour désigner tout spécialement ce qui est relatif aux croisements entre des races ou espèces voisines. Entre les divers groupes d'individus, dont on se propose d'exprimer les rapports par la classification, il y aurait donc quatre sortes de différences : morphologiques, mixiologiques, physiologiques, et géographiques.

groupes à hybridation facile (genre *Vitis*) (1). Il nous faut faire appel dans ces cas douteux à un troisième point de vue : ce sera le point de vue *géographique*.

Nous avons déjà montré que la différence d'extension vers le sud et dans les montagnes, des domaines des *H. nemoralis* et *hortensis*, peut être d'un grand secours, pour établir la différence de tempérament de ces deux groupes, et justifier leur séparation en deux espèces distinctes. Il est vrai que les considérations *mixiologiques* nous avaient déjà fait adopter ce parti. De même toutes les fois que deux espèces *douteuses*, c'est-à-dire deux groupes d'individus qu'on hésite à réunir ou à séparer, spécifiquement, nous révéleront, par les différences de leurs domaines, soit une différence de tempérament, soit une différence d'origine, cette nouvelle différence pourra nous être d'un certain secours, en intervenant dans la discussion concurremment avec les différences morphologiques ou mixiologiques déjà constatées.

Lorsque ces deux espèces douteuses ont des domaines différents, mais n'empiétant pas l'un sur l'autre, comme c'est le cas pour les *H. Cantiana* du nord-ouest de la France, de la Belgique et de l'Angleterre, et *Cemenelea* de la Provence et de l'Italie, il faut bien reconnaître que c'est affaire d'appréciation personnelle d'estimer s'il convient de les considérer comme espèces différentes, ce qu'on fait assez généralement pour les *H. Cantiana* et *Cemenelea*, ou si au contraire on doit considérer ces deux domaines distincts comme les deux portions disjointes du domaine d'une seule espèce.

Souvent, l'examen minutieux de ces deux domaines disjoints permet de prendre un parti rationnel. Le *Senecio leucophyllus* est répandu dans tous les cols de la Cerdagne (col de

---

(1) On peut remarquer en outre que le point de vue mixiologique n'est pas applicable aux organismes à reproduction asexuelle, aux végétaux à fleurs hermaphrodites autogames, aux plantes cleistogames, etc.

Noria, de Llo, etc.), et sur les pentes supérieures de toute la chaîne qui s'étend du col de Llo au Canigou ; d'autre part il occupe, au Mézenc, sur le versant sud de la montagne, *quelques mètres carrés seulement* (1). Il est bien probable que cette seconde station n'est qu'accidentelle ; et, même si le *S. leucophyllus* du Mézenc appartenait à une variété spéciale, mais qu'on observerait aussi, çà et là, dans sa véritable patrie, on ne pourrait raisonnablement, le séparer spécifiquement.

Le même fait nous est représenté chez les mollusques par l'*Helix muralis*. Cette hélice est répandue dans l'Italie méridionale, la Sicile, les Baléares ; et en outre, elle forme à Orgon (Bouches-du-Rhône) une petite colonie très intéressante, dont j'ai déjà parlé précédemment : elle est localisée au pied des ruines d'anciennes constructions qui couronnent le rocher d'Orgon. Sous prétexte que ces *muralis* appartiennent à une variété spéciale, variété appelée *undulata* par Moquin-Tandon, et caractérisée par ce fait que les rides de la coquille sont un peu moins saillantes que dans les individus de Rome (la *muralis* type est, par convention, celle du Colisée, à Rome), faut-il donc donner un nom spécial à cette *muralis* d'Orgon et l'appeler *Urgonensis* (Mabille, 1867)?

Mais, à vrai dire, il n'y a pas grand inconvénient à abuser du critérium géographique et à adopter par exemple ce nom d'*Urgonensis*, sous prétexte que la colonie d'Orgon est très isolée en dehors du domaine de la *muralis*, et que, en outre, l'hélice en question y a une physionomie un peu différente, une légère tendance au mode *lævigatus*. Le seul inconvénient serait un certain encombrement de noms spécifiques, inconvénient qui est bien minime, en regard de l'encombrement bien autrement considérable que cause l'abus du point de

---

(1) Je suis redevable de ces renseignements précis à l'obligeance de M. le D\' Saint-Lager.

vue morphologique. En' outre, si dans l'un et l'autre cas on peut en arriver à trop multiplier les noms spécifiques, dans le premier cas ces noms correspondent au moins à quelque chose de réel : ce sont les populations *bien distinctes géographiquement* de différentes colonies isolées, ou de différentes portions séparées d'un grand domaine. Dans le deuxième cas les noms ne correspondent, comme nous l'avons montré pour les vingt-sept « espèces » démembrées de l'*H. striata* de Draparnaud, qu'à des combinaisons de différents caractères, combinaisons qu'on rencontre il est vrai çà et là, mais qui ont été prises, au hasard, au milieu de centaines, ou de milliers d'autres combinaisons analogues, qu'on aurait pu aussi bien choisir pour types, et définir minutieusement par des diagnoses.

Si on adopte le nom d'*Urgonensis*, il faut bien remarquer, toutefois, et cette remarque est générale, qu'on doit entendre par *Helix Urgonensis* l'ensemble des individus formant la colonie d'Orgon, *quels que soient leurs caractères morphologiques;* et non l'ensemble des individus correspondant à la description la première publiée, avec nom distinct, de l'hélice d'Orgon *(H. undulata* de Michaud, 1831).

Je proposerai donc de substituer, à la définition de l'espèce que j'ai donnée au chapitre premier, l'énoncé suivant, qui me semble tenir compte de toutes les remarques que nous venons de faire dans le présent chapitre.

Une espèce est un groupe d'individus, plus ou moins et souvent très peu semblables entre eux au point de vue morphologique (polymorphisme diffus ou polylaxique), étant ou pouvant devenir parents les uns des autres par des unions fécondes et à produits indéfiniment féconds, et ayant acquis, pendant le cours des âges, et à la suite de l'odyssée plus ou moins longue de leurs ancêtres à travers les continents ou les mers, une véritable autonomie, soit morphologique (aucun intermédiaire entre le groupe et les autres groupes les plus voisins), *soit mixiologique* (unions infécondes, ou à produits inféconds, avec les individus des autres groupes voisins, ex. cheval et âne), *soit enfin géographique* (domaines distincts, ex. les « espèces » chevalines de Sanson, les vignes d'Amérique, etc.).

Je ne prétends pas, bien entendu, qu'en adoptant cette définition, et la méthode qu'elle implique, il n'y aurait plus à l'avenir de discussion sur les espèces douteuses. Mais du moins, il ne saurait plus y avoir que trois cas prêtant à discussion : 1° On ne disposera pas de matériaux suffisants, et on voudra trop se hâter de conclure ; combien ce cas est fréquent, encore maintenant ! 2° On discutera sur l'opportunité de faire un plus ou moins grand nombre d'espèces : l'*H. Urgonensis* devra-t-elle être séparée spécifiquement de l'*H. muralis*, la *Magnetii* de la *serpentina*, le *Crombezi* de la *Desmoulinsi*, etc. ; en tout cas, comme nous l'avons déjà dit, quel que soit le parti qu'on adopte, les espèces admises seront du moins des groupes vraiment naturels, et non de conceptions imaginaires de l'esprit ; 3° Enfin, le critérium géographique lui-même sera parfois insuffisant, lorsque les critériums morphologiques et mixiologiques l'auront été eux-mêmes avant lui : c'est qu'alors on sera en présence d'un groupe d'individus qu'on ne peut subdiviser en espèces, précisément parce que les espèces qui sortiront de ce groupe ne sont pas encore condensées, n'ont pas encore acquis l'autonomie qui seule justifierait leur séparation, avec noms distincts, dans la classification. C'est le cas de certains groupes très polymorphes, qu'on a vainement essayé jusqu'à ce jour de subdiviser rationnellement en espèces, telles que : *Helix variabilis, Dreissensia polymorpha, Anodonta cygnea, Tapes aureus, Nassa reticulata*, etc.

Mais ceci nous amène à envisager d'un peu plus près la **question de l'origine des espèces.**

CHAPITRE XII

HÉRÉDITÉ ET CÆNOGÉNÈSE; ORIGINE DES ESPÈCES

Quand on compare les individus d'une génération à ceux de la génération précédente, les phénomènes de polymorphisme passent inaperçus, tout d'abord, et le résultat de cette première étude superficielle est l'idée de la fixité de l'espèce. L'*hérédité* est cette faculté que possèdent les êtres vivants de transmettre à leurs descendants leurs caractères.

Comment s'effectue cette transmission héréditaire ? Bien des naturalistes avaient déjà compris que cette transmission s'opérait par l'intermédiaire d'une substance réelle ; c'était les gemmules de Darwin, les plastidules d'Hœckel, l'idioplasma de Nægeli, le plasma germinatif de Weissmann. Enfin, les maîtres en histologie, et embryologie, van Beneden, Herwig, Fol, Strassburger, van Bambeke, ont montré que ce substratum de l'hérédité était vraisemblablement le filament nucléaire qui existe dans tout noyau cellulaire, de telle sorte que dans tout individu vivant, chaque cellule renferme au sein de sa substance nucléaire, une parcelle matérielle vivante provenant directement (1) de la fusion de deux filaments nucléaires, l'un venu de l'organisme paternel, l'autre de l'organisme maternel.

L'hérédité peut être considérée comme une véritable *mémoire*, que la matière vivante possède, et en vertu de laquelle les cellules se groupent suivant certaines combinai-

---

(1) Sauf accroissement dû à la nutrition, subdivision indéfinie, et expulsion des matériaux usés..... dans ces conditions, reste-t-il réellement dans le filament nucléaire d'une cellule quelque parcelle de la substance qui constituait les filaments nucléaires de ses cellules-ancêtres, même peu éloignées?

sons, pour former dans chaque individu, des tissus, des organes, des appareils, semblables à ceux des êtres dont descend cet individu.

Appeller *mémoire* le phénomène de l'hérédité, c'est faire plus, et mieux, qu'une simple comparaison entre deux ordres de phénomènes. Lorsqu'on appelle attraction l'action qu'exercent les astres les uns sur les autres, on veut dire que « *tout se passe comme si* les astres s'attiraient en raison directe de leur masse, et en raison inverse du carré de la distance ». De même, *tout se passe comme si* les cellules possédaient une véritable *mémoire*, mémoire dont on peut rechercher certaines lois, sans connaître grand chose du « substratum anatomique » de l'hérédité, de même que les lois de l'attraction universelle ont été établies sans qu'on ait connu autre chose, concernant les astres, que leurs simples mouvements relatifs.

M. Cornevin, dans son excellent *Manuel de zootechnie générale*, est fort dur pour la théorie de la mémoire des tissus, théorie qu'il appelle hypothèse : « Ces hypothèses ne résolvent rien, elles ne font que prêter une qualité à la cellule ou à ses dérivés, sans expliquer pourquoi ces éléments la possèdent, ni dire si elle en est l'attribut inséparable. C'est l'éternel problème des rapports de la force et de la matière qui se présente ; il n'est pas soluble par des conceptions imaginatives (1) ».

Assurément, l'imagination n'a jamais été une méthode scientifique complète, et on peut dire qu'à elle seule elle ne donnera jamais, vraisemblablement, ni la solution du problème des rapports de la force avec la matière, ni même la solution d'aucun autre problème. Mais encore, les « conceptions imaginatives » sont-elles de puissants moyens d'investigation, qui suscitent des observations ou des recherches

(1) *Loc. cit.*, p. 339.

expérimentales très fécondes. Quand au reproche de « prêter une qualité à la cellule ou à ses dérivés, sans expliquer pourquoi ces éléments la possèdent, ni dire si elle en est l'attribut inséparable », on peut répondre, sur le premier point, que le plus souvent, pour ne pas dire toujours, la science étudie les propriétés des corps ou des substances sans savoir pourquoi ces corps possèdent ces propriétés (attraction universelle, élasticité, propriétés chimiques des corps simples, etc., etc.); et sur le second point, que l'on peut étudier bien des phénomènes de la mémoire, avant d'en rechercher le siège exact, le substratum organique, et avant d'aborder l'étude des rapports de cette faculté avec son substratum, les rapports de cette *force*, avec la matière qui supporte (ou qui est?...) son point d'application.

Quand on dit que l'hérédité est une sorte de mémoire, il n'est pas nécessaire, bien entendu, de supposer une mémoire *consciente*. Hœckel avait doué ses plastidules, non seulement de mémoire, mais encore de sensation et de volonté; c'est là une hypothèse étrange, en tout cas inutile, et nullement justifiée. La mémoire des cellules semble bien plutôt une sorte d'*habitude*, un *instinct;* d'ailleurs ce qu'on appelle ordinairement l'instinct d'un animal n'est peut-être que la résultante des instincts élémentaires de ses différentes cellules.

L'hérédité ne se manifeste pas seulement par la reproduction, la répétition, des mêmes particularités morphologiques, mais encore par l'apparition de ces particularités, chez les descendants, au même âge que chez l'ancêtre. On sait tout le parti que Darwin a tiré de cette remarque, pour l'interprétation des principaux faits de l'embryologie (1). M. Cornevin appelle *homochronie* cette propriété de l'hérédité (2). L'étude comparative des vers à soie polyvoltins et annuels, des blés

---

(1) L'origine des espèces, trad. franç. de G Barbier, 1887, p. 15 et p. 518.
(2) *Loc. cit.*, p. 359.

d'hiver et de printemps, est fort instructive, à cet égard (1). « De même que, au point de vue morphologique, *dans l'espace*, pourrait-on dire, l'hérédité agit comme par un souvenir des dispositions morphologiques qui étaient réalisées chez les parents et ancêtres de l'individu dont elle dirige le développement; de même, au point de vue de la vitesse évolutive, c'est-à-dire *dans le temps*, une certaine concordance une fois réalisée entre la vitesse évolutive et le milieu, elle se rappelle cette sorte d'organisation du travail évolutif dans le temps, et la reproduit pour ainsi dire aveuglément (2) », si on vient à modifier le milieu. Ce souvenir héréditaire, non seulement des phénomènes morphologiques, mais encore des *époques*, de l'*ordre*, de la *durée*, de la *périodicité* de ces phénomènes, n'est-il pas à rapprocher de cette faculté de la mémoire, de reproduire *dans leur ordre successif* les différents mots d'une phrase apprise « par cœur »?

« Si l'on interrompt quelqu'un qui chante ou qui récite quelque chose par cœur, il lui faut ordinairement revenir en arrière pour reprendre le fil habituel de la pensée (3). Pierre Huber a observé le même fait chez une chenille qui construit un hamac très compliqué..., etc. (4) ». Il y a là encore un curieux rapprochement à faire entre les phénomènes de la mémoire et ceux de l'hérédité.

Mais l'analogie, ou mieux l'homologie, entre ces deux ordres de phénomènes, peut se poursuivre encore plus loin. On appelle *association des idées* cette faculté de la mémoire d'associer ensemble un certain nombre d'idées, de telle sorte que le premier anneau de cette chaîne d'idées étant évoqué

---

(1) *Ann. Soc. bot.* Lyon, 1881, p. 93 à 95.
(2) *Ann. Soc. bot.*, Lyon, 1881, p. 125. — Voir aussi : Van Tieghem, 1884, *Traité de botanique*, p. 912 (discontinuité du développement, périodes de repos, etc.).
(3) Il faudrait plutôt dire « de la mémoire », car la pensée ou la réflexion n'interviennent guère, quand on récite ou qu'on chante par cœur.
(4) Darwin, *L'origine des espèces*, édit. franç., 1887, p. 277.

par la mémoire, tous les anneaux successifs qui suivent se présentent aussitôt, chacun à leur tour. Mais ce n'est pas seulement les idées qui s'enchaînent ou se groupent de la sorte ; les mots, les syllabes, les sons, dont la mémoire conserve le souvenir, sont pareillement associés par groupes successifs. Un merle, un perroquet, à qui on aura appris deux airs différents, les répètera indéfiniment sans les confondre, et sans en composer un mélange hybride. Il en est encore des mêmes des caractères morphologiques, sur lesquels s'exerce l'hérédité. Lorsque dans une espèce il y a polymorphisme polytaxique, c'est-à-dire plusieurs formes *distinctes*, les nouveaux individus procréés par l'union de ces différentes formes ne sont pas des êtres intermédiaires, mais reproduisent de nouveau les unes ou les autres de ces formes distinctes. De l'union d'un mâle avec une femelle, dans une espèce dièque, il ne résultera que des mâles ou des femelles. D'une *Primula officinalis* brachystylée, fécondée par le pollen d'un autre individu dolichostylé, ne sortiront que des primevères brachystylées ou dolichostylées. On peut citer aussi le cas de certains hybrides ou métis, qui sont dits *décousus ;* les caractères du père et de la mère ne sont pas fondus, mais se reproduisent *par groupes :* un cheval anglo-normand aura la tête et le tronc de son père anglais, et les membres de sa mère normande, par exemple (1). Rappelons aussi les curieux hybrides de papillons cités par M. A. Baron (2); issus du croisement de deux espèces A et B, ils étaient, sur la moitié gauche du corps de l'espèce A, et sur la moitié droite de l'espèce B.

---

(1) MM. Cornevin et Lesbre ont montré que dans le croisement du canard de Rouen *(Anas boschas)* avec le canard de Barbarie *(Anas moschatus)* « un grand nombre de caractères ont été empruntés *tels quels* au barbarin ; d'autres représentent un mélange en proportions variées où le barbarin domine souvent ; d'autres enfin sont tirés de la souche normande *à peu près exclusivement.* » (*Ann. Soc. d'agriculture de Lyon*, 1894, p. 892.

(2) *Des méthodes de reproduction en zootechnie*, 1888, p. 485.

Cependant il y a souvent *fusion* des caractères. L'union *illégitime* de primevères hétérostylées donne parfois des individus isostylés (1), c'est-à-dire des individus en qui sont fusionnés, *non pas les caractères de leurs parents directs*, mais les caractères des deux formes entre lesquelles était partagé l'ensemble de leurs ancêtres. Les hybrides, ou métis, demi-sang, sont souvent à caractères bien fondus. Mais il arrive aussi que le souvenir héréditaire, qui a été comme momentanément brouillé par le conflit de deux hérédités distinctes, se ressaisit peu à peu ; il y a « retour aux types » plus ou moins rapide dans les générations suivantes, c'est-à-dire que la mémoire organique retrouve les différentes formules distinctes auxquelles étaient soumis les ancêtres de cette famille d'hybrides, ou de métis (2).

Enfin, remarquons encore, et ceci est très important, que « la fixité d'un caractère semble être simplement proportionnelle à l'ancienneté de ce caractère, ancienneté mesurée non par le temps, mais par le nombre de générations pendant lesquelles il s'est transmis sans modifications » (3) ; — une habitude est d'autant plus invétérée qu'elle est plus ancienne, un écolier sait d'autant mieux sa leçon qu'il l'a récitée un plus grand nombre de fois.

Si un premier coup d'œil semble montrer la fixité de l'espèce, c'est-à-dire la toute-puissance de l'hérédité, une étude un peu plus attentive montre qu'au contraire la variabilité des caractères est la règle, plutôt que l'exception. Cette grande variabilité n'est pas seulement l'apanage des animaux domestiques et des plantes cultivées ; j'ai montré dans le cours

---

(1) Darwin, *Des diff. formes de fleurs*, éd. franç. par M. le Dr Heckel, 1878, p. 223.
(2) J'ai déjà indiqué ces aperçus dans un autre travail : Sur le croisement des différentes races ou variétés de vers à soie, 1893, p. 13 et 14 *(Bulletin des travaux du Laboratoire d'Etudes de la soie.)*
(3) Recherches expérim. nouvelles sur les vers à soie, *in : Bull. des travaux de l'Université de Lyon*, mai 1891, p. 125.

de cette étude que les mollusques sont doués, souvent, d'un polymorphisme diffus excessivement étendu, polymorphisme que l'on retrouverait assurément chez beaucoup d'autres espèces animales ou végétales, si on prenait la peine de comparer entre eux, dans chaque espèce, un grand nombre d'individus, provenant d'un grand nombre de colonies distinctes.

Quelles sont les causes de la variation des caractères? Parmi les penseurs qui se sont occupés de cette question, plusieurs ont admis une tendance de la matière vivante à varier : telle est la *tendance à la dégénération* de Buffon, la *force évolutive* de M. Naudin, la *tendance au complexe* de Naegali, la *tendance au mieux* de M. Delbeuf. Les autres, au contraire, admettent que le déterminisme de la variation est purement mécanique, et que l'intervention des influences mésologiques est suffisante pour expliquer la cœnogénèse, l'apparition de caractères nouveaux. « L'individuation est sous la dépendance des causes extérieures qui agissent sur les parents et sur la descendance. Parmi les organes ou appareils qui sont influencés se place en première ligne l'appareil reproducteur. Sa sensibilité doit être grande, si l'on en juge par la facilité avec laquelle on arrive à diminuer ou même à annihiler la faculté de reproduction dans le règne animal... Les éléments reproducteurs, mâle et femelle, pour rétrograder de l'état normal à celui où la stérilité apparait, passent vraisemblablement par une série d'états intermédiaires, résultat des conditions du milieu. Il n'y a rien d'irrationnel à penser que les modifications qu'ils éprouvent impriment leur marque sur le produit de leur conjugaison, et que de là nait son individualité » (1).

(1) Cornevin, *Traité de zootechnie générale*, 1891, p. 251. Toutefois ce raisonnement n'est pas irréprochable : autre chose est la *transformation*, autre chose la *diminution* plus ou moins complète, de l'activité de l'appareil reproducteur, et du souvenir héréditaire d'une disposition morphologique quelconque. Les causes susceptibles d'effacer une inscription lapidaire sont bien différentes de celles qui lui ont donné naissance, c'est-à-dire qui l'ont tracée.

Nous n'avons pas à choisir ici entre ces deux concepts. Il est certain que la *tendance* à s'écarter de la forme ancestrale, pour dégénérer, ou se compliquer, ou se perfectionner, ne satisfait nullement l'esprit, si l'on en dote la matière. Mais on peut supposer aussi que la matière vivante obéit à une loi organogénique, directrice en quelque sorte de la création, et qui expliquerait l'enchaînement si grandiose de toutes les formes vivantes, depuis les plus simples organismes jusqu'à l'homme.

Quoi qu'il en soit, le plus sage, nous semble-t-il, est d'admettre pour le moment, que la variation est provoquée, tantôt par des influences mésologiques, tantôt par des causes encore inexpliquées (1).

Il n'est pas nécessaire de connaître la cause intime d'un phénomène, pour en commencer l'étude; acceptons la variabilité comme un fait d'observation, et voyons quelles sont ses différentes modalités, et les conséquences qu'on peut en déduire, au point de vue de l'origine des espèces.

On peut distinguer deux sortes de faits d'observation, nous révélant la variabilité de l'espèce.

1° *Un individu* apparaît tout à coup, nettement différent de tous les autres individus de son espèce. Citons par exemple le premier mouton de la race mérinos-soyeux de Mauchamps, en 1828; le premier pigeon culbutant à courte-face, en 1850; le premier fraisier des Alpes sans filets, vers 1820.

2° On voit les caractères d'une espèce se modifier peu à peu, lorsqu'on chemine à travers le domaine de cette espèce,

---

(1) Je ne veux pas examiner ici, car cela nous entraînerait beaucoup trop loin, la théorie de Weismann, pour qui « les cellules germinales de chaque individu ne contiennent pas les mêmes tendances héréditaires, mais sont toutes différentes; il n'en est point deux qui contiennent exactement les mêmes combinaisons de tendances héréditaires. C'est là la cause des différences bien connues existant entre les enfants des mêmes parents ». *(Essais sur l'hérédité*, trad. franç. de H. de Varigny, 1892, p. 294.

et qu'on compare successivement entre elles les différentes colonies rencontrées. La variation des caractères affecte, non plus un seul individu, mais tout un groupe, ou une série de groupes d'individus. Je rappellerai, comme exemple, les *Helix cespitum* des environs de Toulon, comparées à celles des Alpines, et les *H. arbustorum* du Haut Queyras, comparées à celles du Dauphiné central.

Ces deux ordres de faits semblent indiquer, le premier une variation brusque, le second une variation lente. Quel est, de ces deux modes de variabilité, le plus important au point de vue de la genèse des espèces ? Un seul de ces modes est-il intervenu, ou tous les deux, et dans ce dernier cas l'un d'eux a-t-il été prépondérant ? Il est difficile de rien affirmer à cet égard, car le temps intervient ici comme facteur, et le temps échappe presque entièrement à nos investigations de si courte durée ; et d'autre part il y a bien peu d'années qu'on a commencé à étudier sérieusement la variabilité de l'espèce. Certains naturalistes croient à la plus grande importance de la variation brusque : « L'observation fait voir que les types se modifient moins par une action insensible, lente et continue, agissant sur tout un groupe, que parce que dans chacun de ceux-ci se trouvent des individus qui présentent des particularités soudaines (1). »

Mais quelle que soit à ses débuts l'allure de la variabilité, que ce soit saut brusque ou lentes modifications, nous pouvons fort bien négliger encore cette phase du phénomène qu'il s'agit d'étudier, et prendre comme point de départ de notre théorie, les faits réels, indiscutables, que nous observons de nos jours autour de nous.

Nous distinguerons six cas, six degrés, dans la différencia-

---

(1) Cornevin, *loc. cit.*, p. 256. — On peut consulter à ce sujet une petite note de M. le Dʳ L. Blanc : Du rôle des monstruosités dans la genèse des espèces, *Journal l'Echange*, 1893, p. 15 et 38.

tion plus ou moins grande de deux groupes voisins d'individus.

1° (a_1 et b_1) Une espèce, à polymorphisme diffus, et à domaine étendu, présente deux modes distincts, a_1 et b_1, mais reliés par un nombre indéfini d'intermédiaires. Les différentes colonies de cette espèce sont composées, tantôt d'individus tous a_1, tantôt d'individus tous b_1, tantôt enfin d'un mélange d'individus a_1 et b_1, et de tous les intermédiaires entre a_1 et b_1. Comme exemple je citerai les deux modes *elongatus* et *inflatus* du *Bulimus detritus (Bulimus Arnouldi* et *detritus* de M. Fagot).

2° (a_2 et b_2) Une espèce, à polymorphisme diffus, et à domaine étendu, revêt dans une portion de son domaine une forme a_2, et dans une autre portion de ce domaine une autre forme b_2. Dans les stations intermédiaires géographiquement les individus sont intermédiaires morphologiquement entre a_2 et b_2. Comme exemple je citerai les modes *depressus* et *globosus* de l'*Helix arbustorum (H. Repellini* et *alpicola* de Bourguignat, 1888), le premier mode localisé dans les Alpes dauphinoises, tout autour du mont Viso, le second répandu dans tout le reste des Alpes françaises, au nord des Alpes dauphinoises.

3° (α et β) Deux groupes d'individus, l'un α, l'autre β, présentant chacun une physionomie un peu spéciale, c'est-à-dire différant plus ou moins l'un de l'autre morphologiquement, sont localisés dans deux domaines distincts, *n'empiétant pas l'un sur l'autre*. Comme je l'ai déjà dit à propos des *H. Cemenelea* et *Cantiana*, qui sont un bon exemple de cette situation réciproque des deux formes α et β, les naturalistes peuvent dans ce cas, et seulement dans ce cas, ne pas s'entendre au sujet de la qualification à donner à ces deux groupes ; pour les uns ce seront deux espèces différentes, pour les autres deux races locales d'une même espèce. On sera d'autant plus porté à les considérer comme espèces distinctes, qu'elles seront plus différentes, morphologiquement.

4° (A_1 et B_1) Deux espèces, A_1 et B_1, ont des domaines distincts, *mais qui empiètent l'un sur l'autre*. Dans cette portion commune, une partie des colonies où cohabitent ces deux espèces, mais une partie seulement, présentent un grand nombre de sujets intermédiaires morphologiquement; ce sont vraisemblablement des métis, ou hybrides féconds. Comme exemple je citerai les *Helix nemoralis* et *hortensis*.

5° (A_2 et B_2) Les deux espèces A_2 et B_2 ont leurs domaines distincts, et empiétant l'un sur l'autre; mais dans la portion commune, *aucune* des stations où cohabitent les deux espèces ne représente le mélange des deux espèces; aucun croisement fécond, et par conséquent aucun intermédiaire morphologique. Un bon exemple de cas nous est fourni par les *Helix nemoralis* et *sylvatica*.

6° (A_3 et B_3) Enfin, les deux espèces A_3 et B_3 sont, de même que A_2 et B_2, à domaines distincts, empiétant l'un sur l'autre; mais l'écart morphologique qui les sépare est si prononcé que pour tous les naturalistes, sans exception, ce sont deux espèces bien distinctes. Comme exemple on peut citer les *Cyclostoma elegans* et *sulcatum*.

Est-il possible de concevoir comment deux variétés a_1 et b_1 en sont arrivées à différer autant que A_3 et B_3? Je le crois, et voici comment.

Quand dans une colonie il y a un polymorphisme diffus très étendu (a_1, b_1 et les intermédiaires entre a_1 et b_1), les sujets *exactement intermédiaires* (mode *normalis*) sont en quelque sorte des exceptions. Si donc l'espèce est en voie d'extension géographique, chaque nouvelle colonie aura une tendance à reproduire soit le mode a_1, soit le mode b_1, suivant que le ou les fondateurs de cette colonie seront en majorité a_1, ou en en majorité b_1. Ceci nous explique, soit dit en passant, comment il se fait qu'une espèce à polymorphisme diffus présente, tantôt des colonies où on observe les deux modes opposés et leurs intermédiaires, tantôt au contraire, et assez souvent, des colonies où ces deux modes sont presque isolés.

L'*H. arbustorum*, lorsqu'elle a commencé a étendre son domaine sur tout le massif des Alpes, était donc peut-être, de même que le *Bulimus detritus* actuel, très polymorphe, et à polymorphisme diffus géographiquement ; certaines colonies étaient *depressus (Repellini)*, d'autres *globosus (alpicola)*. Comment le mode *depressus* est-il finalement resté localisé dans une seule petite portion des Alpes françaises (1) ? On peut faire appel à la théorie de la variation brusque, supposer qu'un individu beaucoup plus *depressus* est brusquement apparu dans une station des Alpes Dauphinoises, et que c'est l'influence héréditaire de cet ancêtre qui persiste encore actuellement dans cette petite portion du domaine de l'*H. arbustorum*. On peut encore invoquer l'influence du milieu, c'est-à-dire la sélection naturelle, qui aurait systématiquement détruit tous les sujets *globosus (alpicola)* dans cette même région, peut-être parce que la forme *depressus* était plus avantageuse, en permettant au mollusque de se mieux abriter, pendant l'hiver, au fond des fentes des roches schisteuses (2). On peut enfin, et plus vraisemblablement, supposer qu'après une destruction presque complète de l'espèce sur une portion considérable de son domaine (époque gla-

---

(1) En dehors des Alpes françaises, on rencontre encore le mode *depressus* localisé dans différentes petites régions, mais associé presque partout avec d'autres modes, relatifs à la forme de l'ouverture, la taille et la couleur de la coquille, etc., en sorte que les autres *arbustorum* mode *depressus* ont reçu des noms différents, ce sont par exemple : *Styriaca* de Steiermark en Styrie, *Jetschini* de Toeplitz en Moravie, *Knitteli*, de Salzburg en Autriche, etc. (Voir : Des différentes formes du groupe de l'*Helix arbustorum*, *Bull. Soc. malac. France*, 1889, t. VI, p. 363 à 411).

(2) De la variabilité de l'espèce chez les mollusques terrestres et d'eau douce, in : *Assoc. franç., Congrès de la Rochelle*, 1882, p. 544.

ciaire), un petit nombre de colonies auront été épargnées ; l'une d'elles, à sujets en majorité *depressus*, aura conservé ce caractère spécial ; lorsque les conditions du milieu auront permis le repeuplement, cette colonie, en colonisant tout autour d'elle, sera devenue le centre d'une petite région à mode *depressus*.

Voici donc maintenant deux formes, a_2 et b_2, localisées chacune dans une région différente, les stations intermédiaires géographiquement étant occupées par des colonies à sujets intermédiaires morphologiquement. La disjonction de ces deux formes peut être la conséquence de tout événement qui détruira les colonies intermédiaires ; ce sera par exemple l'affaissement sous les eaux d'une région (séparation de la Grande Bretagne et du continent, du Maroc et de Gibraltar, etc.); la formation d'un massif montagneux inhabitable pour l'espèce considérée ; la lutte pour l'existence contre une autre espèce survenue inopinément, et mieux adaptée au milieu de cette région intermédiaire ; ou enfin un changement de climat tel que celui qui a isolé, à la fin de l'époque quaternaire, l'*H. Desmoulinsi* du sommet des Pyrénées, de l'*H. Crombezi* du sommet des Alpes-Maritimes (1).

Les deux formes a_2 et b_2 passent donc ainsi à l'état disjoint des deux formes α et β, dont les domaines, distincts, n'empiètent pas l'un sur l'autre.

Mais si ces deux formes α et β, par suite de nouvelles circonstances géologiques, ou biologiques, viennent à étendre leur domaine, l'une des deux, ou toutes les deux, ces deux domaines se rencontreront, et dans un certain nombre de stations communes les deux formes α et β seront en présence. Que se passera-t-il ?

---

(1) L'*Helix Desmoulinsi* vivait dans la plaine pendant l'époque quaternaire ; elle aurait été trouvée par M. Rivière sur les bords de la Vezère, dans l'abri sous roche de Pageyral, à Saint-Cyprien (Dordogne), avec des os de renne, de castor, de marmotte, etc. Voy. : *Assoc. franç., Congrès de Marseille*, 1891, 2ᵉ partie, p. 376).

Si les destinées différentes qu'ont subies les deux groupes α et β, pendant la période plus ou moins longue de leur disjonction, ont beaucoup modifié les caractères physiologiques de leur appareil sexuel, à la façon du lapin de Porto-Santo ou des cobayes européens, on se trouvera en présence de deux espèces bien définitivement distinctes, A_3 et B_3, tels que *Cyclostoma elegans* et *sulcatum*, si les différences morphologiques sont devenues considérables, ou A_2 et B_2, si ces différences sont moins grandes, comme il arrive pour *H. nemoralis* et *sylvatica*, *Helix acuta* et *ventricosa*, *Helix striata* et *caperata*, *Cyclostoma elegans* et *asteum*, etc.

Si la différenciation mixiologique a été moins complète, on aura deux espèces A_1 et B_1, telles que les *Helix nemoralis* et *hortensis*, qui dans une portion seulement de leur domaine commun donnent des métis féconds, et qui dans l'autre portion donnent des hybrides inféconds, ou même ne peuvent plus donner de produit par leur croisement (1).

Ce fait, de deux espèces, bien distinctes dans une région, et confondues au contraire dans une autre, est si important, et en même temps si peu connu encore, qu'à l'exemple des *H. nemoralis* et *hortensis* j'en ajouterai deux autres, que M. Valery-Mayet a bien voulu me signaler. Voici ce que m'écrivait, le 4 novembre 1892, le savant professeur de l'École d'Agriculture de Montpellier.

« Un coléoptère de la famille des carabiques, le *Steropus amphicollis* Fairmaire, considéré dans les derniers catalogues comme une simple variété plus large de l'espèce de Fabricius admise comme type, le *Steropus madidus*, est en effet com-

---

(1) Parmi les végétaux, un exemple d'espèces à la façon de A_1 et B_1, mais à croisement toujours fécond, nous est présenté par les *Quercus sessiliflora* Smith et *pedunculata* Ehrhart (*brevipedunculata* et *longipedunculata* du Dr Saint-Lager). Par contre les *Quercus suber* L. et *occidentalis* Gay, seraient, à la façon α et β, deux races disjointes, très semblables morphologiquement, mais ayant acquis, depuis leur disjonction, une différence physiologique considérable : l'une a les fruits annuels, l'autre les a bisannuels. (Voyez : A. de Candolle, L'Espèce dans les cupulifères, *Ann. Sc. nat.*, 1862, p. 94.)

plètement confondu avec le *S. madidus* dans une bonne partie tout au moins des Pyrénées. C'est une espèce excessivement commune que ce *Steropus madidus*, et les formes qui, dans les Pyrénées, le relient à l'*amphicollis* sont en nombre indéfini ; impossible de les distinguer l'un de l'autre, parfois. Si nous chassons dans nos montagnes de l'Hérault, cela change. L'insecte ne vit pas dans la région de l'olivier, mais il abonde au contraire dans la région du hêtre, à 800 mètres d'altitude environ ; là, les deux types sont bien distincts, le *Steropus madidus* est typique, c'est-à-dire étroit; le *St. amphicollis* au contraire est large, et de taille plus grande. A Lyon, et dans les Alpes, il n'y a plus que le *St. madidus*. C'est dans les Cévennes que la forme *St. amphicollis* commence à se montrer, et elle est beaucoup plus différenciée que dans les Pyrénées.

« Le dernier catalogue allemand de coléoptères, celui de MM. von Heyden, E. Reitter et J. Weise, ne fait, dans le genre **Adoxus** (insecte de la famille des Chrysomelides, appelé vulgairement *gribouri)* qu'une espèce de l'*A. obscurus* et de l'*A. vitis*, Fabricius. Il faut qu'en Allemagne il y ait des formes de transition. En France les deux insectes se ressemblent bien un peu, mais ils sont toujours distincts: l'un (l'*obscurus)* est long de 5 à 6 millimètres, et large de 3 1/2 à 4 ; l'autre est long de 4 à 5 millimètres et large de 3. Le dernier (l'*A. vitis)* a les élytres fauve clair; l'*obscurus* est entièrement noir. On le distingue à dix pas. L'*A. vitis* ne se rencontre jamais que sur la vigne ; l'*obscurus* est plus polyphage ; sa plante préférée est l'*Epilobium*. Donc deux espèces séparées en France, et réunies en Allemagne. »

Lorsque les deux formes α et β, en se retrouvant en présence, auront conservé intacte la faculté de se féconder l'une par l'autre, il y aura de nouveau mélange morphologique dans la portion commune des deux domaines. Les colonies métisses ainsi formées, seront constituées par une race plus vigoureuse, et plus polymorphe que les deux anciennes races α et β, car « le croisement favorise la cœnogénèse (1) »; et cette nouvelle race étendra dès lors rapidement son domaine, et fera peut-être disparaître les deux races primitives, α et β, qu'elle noiera, pour ainsi dire, sous les flots de son invasion. Tel est, semble-t-il, ce qui se passe actuellement pour l'*H. variabilis*, dont une race très prolifique, très polymorphe, semble remonter la vallée du Rhône, en suivant les talus des routes et du chemin de fer, les banlieues des villes, les alentours des villages, les bordures des champs cultivés, et qui semble détruire, en se croisant avec elle, partout où elle la rencontre, la petite forme indigène, qu'on observe déjà dans les alluvions quaternaires de la Provence (2), et que l'on a appelée *H. Cyzicensis, alluvionum*, etc. — S'il survenait maintenant une nouvelle modification climatérique ou géographique, qui restreignit le domaine de cette espèce si polymorphe, il y aurait de nouveau disjonction entre différentes formes, nouvelle condensation régionale du polymorphisme, et formation d'un plus ou moins grand nombre d'espèces ou races distinctes, à la façon de α et β.

Les circonstances pourront aussi, parfois, non seulement disjoindre les deux variétés a_2 et b_2, mais encore détruire complètement l'une d'elles. Si l'autre, qui a été épargnée, étend postérieurement son domaine sur la région qui était primitivement occupée par la première, il semblera, à ne considérer que les populations successives de cette région, qu'il y a eu transformation de l'espèce. Mais ce n'est là qu'une apparence : « la transformation finale n'est pas due à l'ensemble de l'espèce se mouvant lentement, continuelle-

---

(1) Cornevin, *loc. cit.*, p. 336.
(2) En particulier dans les alluvions anciennes du Lar, à *Chondrus niso*, dans les environs de Rousset (Bouches-du-Rhône).

ment dans une direction unique, mais bien à l'extinction de certaines variétés anciennes qui ont disparu sous des influences diverses, et à la survivance de certaines autres qui, par le fait d'une distribution particulière, ou d'une plus grande force de résistance aux changements du milieu, ont continué la lignée en lui imprimant un facies spécial, conséquence forcée de la loi d'hérédité (1). »

A ne considérer que le polymorphisme diffus, nous voyons donc qu'*on peut concevoir la formation de différentes espèces simplement par le fait de modifications géographiques ou biologiques, qui alternativement restreignent ou étendent le domaine des espèces*. Par modification biologique, il faut entendre un changement d'équilibre entre les différentes espèces végétales ou animales qui constituent la faune et la flore d'un pays. Il est à peine besoin de rappeler les rapports si complexes qu'ont entre eux les animaux et les plantes, dans la lutte pour l'existence ; chacun a présent à l'esprit l'exemple classique du chat, qui introduit dans une localité y détruit les mulots, qui ne détruisent plus dès lors les nids de bourdons, en sorte que le trèfle rouge et la pensée sauvage, que fécondent seuls les bourdons, peuvent aussitôt étendre beaucoup leurs domaines (2).

Nous voyons aussi que les nouvelles espèces prendront naissance surtout dans les régions où l'amixie des différentes colonies sera naturellement réalisée ; les massifs montagneux, les archipels, par exemple. Dans ces régions, en outre, la grande variabilité des conditions de milieu (altitude, orientation, nature minéralogique du terrain, humidité, etc.) entretiendra, en quelque sorte, la faculté d'adaptation au milieu. Au contraire, lorsqu'une espèce trouve des conditions très

---

(1) Fontannes, Sur les causes de la variation dans le temps des faunes malacologiques, à propos de la filiation des *Pecten Restitutensis* et *latissimus*, in : *Bull. Soc. géol. France*, séance du 3 mars, 1884, p. 361.

(2) Darvin, *L'origine des espèces*, trad. Barbier, 1887, p. 79.

favorables dans une plaine, ou dans un milieu spécial très uniforme sur un grand espace, elle étonne alors par le prodigieux développement de ses générations successives identiques (les Cardons des plaines de la Plata (1), les bancs de gryphées, de rudistes ou d'huitres, les bancs de *Rangia* de l'Alabama (2), etc.). Mais aussi cette multiplication épuise en quelque sorte la faculté d'adaptation, et l'élasticié physiologique de l'organisme; la lutte pour l'existence, d'autant plus âpre qu'elle s'exerce entre individus plus semblables, élimine tout ce qui s'écarte morphologiquement de la forme la mieux adaptée, et l'hérédité, ayant à reproduire toujours des caractères identiques, confirme de plus en plus la fixité, la « pureté » de la race. Mais vienne alors un léger changement dans les conditions du milieu, l'espèce disparaîtra subitement, à moins que dans son domaine n'existe un massif montagneux (dans le cas d'une espèce terrestre) où elle se sera conservée avec son élasticité physiologique et morphologique originelle, et d'où elle pourra ultérieurement courir à de nouvelles destinées.

Les massifs montagneux sont donc les vrais *conservatoires des espèces* terrestres, et cela non seulement du fait que nous venons d'indiquer, mais encore parce que les régions de plaines ont été sujettes, dans le cours des âges, à des incendies, débâcles glaciaires, inondations ou submersions momentanées, transformations en déserts, qui ont souvent détruit les faunes et les flores qui les occupaient. On peut donc à bon droit appeler les massifs montagneux des *centres de dispersion*. Mais si un grand nombre d'espèces terrestres semblent avoir pris naissance dans les massifs de montagnes, ou en être redescendues après des périodes de destruction dans les plaines, d'autres au contraire n'ont assurément pas une ori-

---

(1) Darvin, *Voyages d'un naturaliste*, trad. Barbier, 1875, p. 132.
(2) Fischer, *Manuel de conchyliologie*, 1881, p. 276

gine montagnarde. Telles sont, par exemple, les espèces circumméditerranéennes, dont j'ai donné la liste à l'occasion des *Helix acuta* et *ventricosa (H. explanata, terrestris, pyra - midata, contermina,* etc.). Mais il est évident que tout rivage très découpé, et par conséquent, sinon montagneux du moins très accidenté, l'un ne va pas sans l'autre, sera une région à milieux très variés, et dès lors une région favorisant le polymorphisme des espèces, et l'amixie des colonies ou des races locales différentes. Le sud de l'Europe, entre le rivage septentrional de la Méditerranée, si découpé, et les grands massifs des Balkans, des Alpes, des Pyrénées, se trouve donc réunir toutes les conditions voulues pour qu'il ait été un centre de dispersion, ou centre de création, très important. Effectivement le nombre des espèces et des variétés spéciales y est considérable, en regard surtout de la si grande uniformité et pauvreté de la faune et de la flore dans toute l'immense plaine septentrionale de l'Europe.

Je viens d'indiquer comment, à mon avis, on peut concevoir que *certaines* espèces ont pris naissance ; mais bien entendu, je ne prétends pas, que cette théorie soit applicable à toutes les espèces. Je crois seulement qu'elle permet d'expliquer, très naturellement, la formation d'un grand nombre d'espèces qui ne diffèrent, en somme, les unes des autres que par des caractères de même ordre que ceux que nous avons énumérés, lorsque nous avons décrit le polymorphisme de l'*Helix striata :* coquille plus ou moins grosse, plus ou moins déprimée, ombilic plus ou moins ouvert, costulations plus ou moins fortes, etc., etc. Je citerai comme exemple, et deux par deux, les espèces suivantes, dont la disjonction peut se concevoir comme je viens de l'indiquer : *Helix nemoralis* et *hortensis,* — *nemoralis* et *sylvatica,* — *Cantiana* et *Cemenelea,* — *acuta* et *ventricosa,* — *striata* et *caperata.* — *psammoica* et *contermina,* — *Patula rotundata* et *ruderata*, — *Pupa variabilis* et *frumentum*, — *Cyclostoma elegans* et *asteum*, — *Pomatias apricus* et *obscurus*, — *Limnæa stagnalis* et *lacustris*, — *Vivipara communis* et *fasciata*, — *Mitra lutescens* et *cornea*. — *Cassidaria echinophora* et *rugosa*, — *Natica millepunctata* et *hebræa*, — *Pecten maximus* et *Jacobæus*, etc., etc.

Je terminerai ce chapitre par la remarque suivante. Que ce soit par variation brusque, par sauts, que les espèces aient pris naissance, le plus souvent, ou au contraire par variation lente, progressive, c'est-à-dire *par sauts excessivement petits* (car en définitive variation brusque et variation lente ne diffèrent pas essentiellement), peut-on supposer que l'évolution des espèces a été plus rapide dans les premiers âges du globe que de nos jours? M. Naudin a développé cette idée; il admet qu'il y a eu « pour l'ensemble du monde organique une période de formation où tout était changeant et mobile, une phase analogue à la vie embryonnaire et à la jeunesse de chaque être particulier, et qu'à cet âge de mobilité et de croissance a succédé une période de stabilité, au moins relative, une sorte d'âge adulte, où la force évolutive, ayant achevé son œuvre, n'est plus occupée qu'à la maintenir sans pouvoir produire d'organismes nouveaux. » Cette force évolutive, « énorme dans le principe, quand elle avait tout à produire, s'est nécessairement affaiblie dans les courants entre lesquels elle se partageait, et qui, se divisant eux-mêmes en courants de plus en plus étroits, ne laissaient à chacun de ces derniers qu'une part de cette force proportionnelle à son importance particulière (1). »

Or, il n'est pas nécessaire de supposer cette force évolutive spéciale, pour reconnaître que l'évolution d'une classe, ou d'un ordre, à ses débuts, a toujours dû être rapide ; ce que

---

(1) Naudin, Les espèces affines, et la théorie de l'évolution, *in : Bulletin Soc. bot. France*, tome XXI, séance du 13 novembre, 1874, p. 247.

nous savons des lois de l'hérédité nous suffit bien pour l'établir. « La fixité d'un caractère semble être proportionnelle à son anciennelé, celle-ci étant mesurée non par le temps, mais par le nombre de générations pendant lesquelles il s'est transmis sans modifications » ;.et dès lors on conçoit fort bien que l'évolution ait été très rapide à ses débuts, alors que l'hérédité n'avait pas, comme de nos jours, pour l'enchaîner dans des limites étroites, le souvenir d'un nombre immense de générations à peu près identiques. Dans le conflit entre les caractères ancestraux, et les caractères nouveaux, entre l'hérédité et la cœnogénèse, la victoire ne restait pas, aussi souvent que de nos jours, à la tradition et à la routine ; les formes nouvelles apparaissaient nombreuses, et se succédaient rapidement.

D'ailleurs la rapidité de l'évolution, à ses débuts, n'est pas une simple vue de l'esprit, mais un fait, que la paléontologie nous fait toucher du doigt, pour ainsi dire, tout au moins pour l'évolution des mammifères, pendant la période tertiaire. « A cette époque, ils présentent un contraste frappant avec la plupart des autres classes du monde organique. Alors, les plantes appartiennent déjà aux genres actuels; elles subissent encore des changements d'espèces ou de races ; mais leurs transformations génériques sont accomplies. Les grands traits des animaux invertébrés sont également presque tous dessinés ; leurs espèces varient; leurs genres, leurs familles ne varient guère... Il n'en a pas été de même pour les mammifères... Pendant la plus grande partie des temps tertiaires ils ont été très différents des animaux actuels : ils étaient alors en pleine évolution (1). »

La théorie de M. Naudin est donc exacte, en fait ; mais quelles que soient la cause ou les causes encore mystérieuses de la cœnogénèse, il n'est pas nécessaire de supposer, au début

---

(1) Gaudry, *Les enchaînements du monde animal dans les temps géologiques*, Mammifèrestertiaires, 1878, introduction, p. 3.

de l'histoire de notre globe, une force évolutive spéciale, qui aurait été toujours en s'affaiblissant, c'est-à-dire une loi différente de celles qui régissent encore aujourd'hui les phénomènes du monde organisé.

CHAPITRE XIII

NOMENCLATURE

« En zoologie, d'abord par esprit de justice, et ensuite pour prouver qu'on a l'érudition nécessaire aux recherches entreprises, il faut, règle générale, remonter pour l'espèce au nom le plus ancien. Si pour se livrer à l'arbitraire dans l'adoption d'un nom, l'on abandonnait cette marche, d'accord en tout point avec le respect qu'on doit aux travaux de ses devanciers, et avec le principe le plus rigoureux d'équité, on jetterait des perturbations constantes dans la science, en l'embrouillant de plus en plus. »

Cet énoncé, de la convention dite loi « de priorité », a été donné par Alcide d'Orbigny, en 1850 (*Prodr. paléon.*, introduction, p. XXI).

Nous allons examiner successivement, d'abord les avantages prétendus de cette convention, et ensuite ses inconvénients très réels, ou du moins les inconvénients des errements que le respect exagéré de la priorité a introduits, peu à peu dans les habitudes des naturalistes de notre temps.

D'abord les avantages. Ils sont au nombre de trois, dans l'énoncé d'A. d'Orbigny : en remontant au nom le plus ancien, on prouve qu'on a de l'érudition, on rend justice à ses devanciers, et enfin on évite le chaos dans la nomenclature.

1° Bien des naturalistes, pour prouver qu'ils ont de l'érudition, produisent à tout propos d'interminables « synonymies », qui encombrent leurs écrits, et en constituent bien souvent la plus grosse part. Mais prouver qu'on a de l'érudition c'est jeter de la poudre aux yeux du bon public, non compétent. Les vrais savants ne sont pas dupes, et ils estiment l'érudition, ou en font peu de cas, suivant qu'elle est utile, ou inutile. Pour l'archéologie, et pour toutes les sciences historiques, par exemple, l'érudition est vraiment nécessaire. Mais pour les sciences naturelles, autre chose est la science elle-même, qui marche et qui progresse, autre chose est son histoire.

En fait, déjà maintenant, on ne remonte guère aux sources, et on se borne à consulter les auteurs les plus récents, parmi ceux qui ont étudié la catégorie d'organismes qu'on étudie soi-même, et on adopte de bonne foi les noms qu'ils ont employés. Si le spécialiste dont on a consulté l'ouvrage ne signale pas, ou rapporte inexactement le fait qu'on a observé, on publie cette nouvelle observation, et la science progresse ainsi peu à peu, sans que ses ouvriers ordinaires aient à se préoccuper beaucoup de son histoire et de ses débuts.

Je citerai l'exemple suivant. Darwin, dans son ouvrage si remarquable sur « les différentes formes de fleurs dans les plantes de la même espèce », appelle *Primula veris* et *Primula vulgaris*, deux espèces de primevères que les botanistes, fidèles observateurs de la loi de priorité, et de ses nombreux amendements, appellent *Primula officinalis* et *Primula grandiflora*. En d'autres termes, Darwin n'a pas suivi les lois de la nomenclature! Mais aucun botaniste sérieux aurait-il l'idée de lui en faire un reproche ? Cette « absence d'érudition » de sa part, sur l'infime question des noms les plus convenables à donner aux primevères qu'il a étudiées, diminue-t-elle en quoi que ce soit le mérite qu'il a eu à élucider les lois de l'hétérostylie chez les végétaux ?

2° Adopter les noms les plus anciens, c'est faire œuvre de *justice*, *d'équité*, c'est *respecter* les travaux de ses devanciers. C'est du moins ce qu'affirme d'Orbigny, dans la phrase qui est transcrite au début de ce chapitre.

Je ne dirai pas, certes, qu'il ne faut pas traiter ses devanciers avec *justice*, *équité* et *respect*. Lorsque, par exemple, on énonce un fait acquis à la science, et qu'on croit utile de citer les auteurs qui ont observé ce fait, pour leur en faire un mérite, on ne saurait trop blâmer celui qui *attribuerait faussement* la première observation de ce fait à tout autre que le premier observateur authentique.

Mais la science, hélas ! a tout autre chose à faire que de conserver la trace, *dans son langage*, de tous les ouvriers qui ont collaboré à son œuvre. C'est là d'ailleurs une conséquence de la grande loi de la solidarité humaine; chaque invention nouvelle augmente le patrimoine commun de l'humanité; le nom de l'inventeur persiste quelque temps dans le souvenir des hommes, puis il s'efface plus ou moins vite, suivant que le sillon qu'il a creusé a été plus ou moins profond, suivant que l'éclat de son nom a été plus ou moins brillant. Dans un siècle ou deux, parmi les naturalistes de notre temps, quelques grands noms survivront seuls : Cuvier, Lamarck, Darwin,... et peut-être deux ou trois encore. Mais il ne faut pas se faire d'illusion, les noms de tous les autres seront oubliés, qu'ils le veuillent ou non, et seuls les érudits, c'est-à-dire ceux qui s'occuperont alors de l'histoire de la science, parleront de temps à autre à nos descendants, de tous ces noms inconnus.

Si la science pouvait, *sans inconvénients*, conserver le souvenir des naturalistes qui ont découvert ou décrit des

« espèces nouvelles », on pourrait assurément prendre ce parti ; il aurait l'avantage de stimuler le zèle des chercheurs. Mais nous allons voir bientôt combien nombreux sont les inconvénients d'un pareil système.

9° *Filium ariadneum, methodus, sine quo chaos*, a dit Linné. Et assurément, sans méthode, la science, et en particulier l'histoire naturelle, ne serait qu'un chaos ; on peut même dire qu'elle ne serait pas. Mais la loi de priorité fait-elle donc partie de cette méthode nécessaire au progrès, et à l'existence même de l'histoire naturelle ?

Si les espèces animales ou végétales étaient des entités distinctes, au sujet desquelles il n'y eut aucune contestation possible entre les naturalistes, si en un mot, tout le monde s'entendait au sujet des limites à attribuer à chaque espèce, et au sujet de l'idée que l'on doit s'en faire, on pourrait, sans grand inconvénient, adopter les premiers noms donnés à chaque espèce, et rappeler en même temps le premier inventeur de chaque nom.

Mais l'idée que nous nous faisons de l'espèce a bien changé depuis un siècle. Ce n'est pas une idée simple, et les premiers noms donnés, alors même qu'ils n'ont pas été changés, ne s'appliquent plus au même objet qu'autrefois. Nous avons vu que le mot : *Helix nemoralis* représentait pour Linné une catégorie d'individus différente de celle que Müller désignait par ce même nom ; et sans remonter si avant dans le passé, la caractéristique de l'*H. nemoralis* est pour M. Locard un certain « galbe » de la coquille, et vu l'idée qu'il se fait de l'espèce, idée purement morphologique, il classe dans l'*H. nemoralis* certains individus que je considère comme faisant partie de l'espèce *hortensis*. J'ai déjà parlé de l'*Helix pisana* de Bourguignat en 1887, qui est chose toute différente de l'*H. pisana* de Bourguignat en 1884. Est-ce que la conservation des mêmes noms, qui s'appliquent suivant les époques et suivant les auteurs à des idées différentes, n'est pas au contraire une cause perpétuelle de confusion et de chaos ?

Assurément si chacun changeait à sa guise les noms de ses devanciers, sans consulter autre chose que son bon plaisir, ses travaux seraient inintelligibles. Mais cela est-il donc à craindre ? Un auteur quelconque écrit-il dans le but d'être inintelligible ? S'il essaye de lancer des noms nouveaux, n'est-ce pas le plus souvent par pure vanité, parce qu'il espère *faire tourner à son profit la loi de priorité*, et parce qu'il a la naïve illusion de croire que son nom restera accolé, *in œternum*, au nouveau vocable qu'il a inventé ?

Ceci nous amène à envisager directement, et en détail, les inconvénients causés par l'abus de la loi de priorité. En montrant ces inconvénients, nous démontrerons par là même que, loin d'être une cause de désordre, l'abandon de cette loi serait un progrès très sérieux.

Et d'abord, il est incontestable que « la prétendue loi de priorité, inventée par les législateurs dans le but d'assurer la fixité des noms de plantes et d'animaux, est en contradiction flagrante avec la notion philosophique du rôle du langage et de celui de l'histoire... La clarté et la précision sont les qualités maîtresses du langage en général, mais surtout de celui qui sert à exprimer les idées scientifiques, et comme celles-ci sont en continuelle évolution, il est impossible, par conséquent, de supposer que, dans une branche quelconque des connaissances humaines, le langage puisse jamais recevoir une forme définitive et immuable (1) ».

Sous une autre forme je dirai qu'à des idées nouvelles il

---

(1) D' Saint-Lager, Polymorphisme des buplèvres, *in : Ann. Soc. bot. Lyon*, t. XVII, 1891, p. 65. — Je ferai toutefois une petite critique de détail à cet énoncé : les idées scientifiques ne sont pas *toutes* « en continuelle évolution »; dans certaines sciences, par exemple dans les mathématiques, on possède des théorèmes définitivement fixés, de véritables dogmes scientifiques, que les esprits faibles, ignorance ou aveuglement intellectuel, seuls contestent.

faut des noms nouveaux. C'est ainsi que j'ai cru devoir proposer des noms de *modes*, épithètes expressives, et perpétuellement revisables, au fur et à mesure des progrès de la science, pour caractériser les différentes formes que peuvent revêtir les espèces à polyphormisne très étendu. Par suite j'ai proposé de substituer des appellations polynominales, formées par l'association de plusieurs noms de modes, aux vingt-sept appellations binominales *Helix Tolosana*, *H. Groboni*, etc., qui sont assurément plus simples, mais qui, je crois du moins l'avoir démontré, ne correspondent qu'à des individualités, à des associations de caractères, et non à des espèces.

Quant aux noms spécifiques, je ne propose pas, certes, de les changer sans nécessité. Mais ce que je ne puis admettre, c'est qu'on persiste à faire suivre chacun d'eux du nom de l'auteur qui a *le premier* employé ce nom spécifique. « Lorsque nous ajoutons un nom d'homme au nom d'une plante, nous n'avons pas l'intention de rendre hommage à un de nos devanciers, mais bien de fournir une garantie d'identité (1) »; Dès lors pourquoi ne pas citer simplement *le dernier* auteur qui, dans une monographie bien faite, a désigné, sans ambiguïté, l'espèce considérée (2)? Pourquoi, lorsqu'il s'agit de nos mollusques terrestres de France, ne pas citer par exemple Draparnaud, Lamarck, Michaud, l'abbé Dupuy, Moquin-Tandon, Bourguignat, Locard..., au lieu de Linné, Muller, Pennant, Born, Gmelin, Olivi, Poiret et tant d'autres vieux

---

(1) D' Saint-Lager, *loc. cit.*, p. 66.

(2) Je suis heureux de trouver la même idée exprimée très explicitement dans un travail récent de M. Robert Chodat : « Il est bon d'adopter en principe la loi de priorité absolue. Dans la pratique l'application de cette manière de voir présentera des difficultés qui en atténueront nécessairement la rigueur, et en somme, *malgré toutes les lois, l'usage et les monographies prévaudront contre le droit strict..... Dans tous les cas, il faut s'élever contre l'enfantillage qui consiste à considérer comme sacré le droit d'auteur pour la dénomination des espèces.* Le nom d'auteur ajouté au nom spécifique est un simple renseignement bibliographique. Il est utile pour éviter la confusion résultant de la synonymie; la botanique, on l'a dit avec raison, n'est pas une science historique. On doit tout subordonner au bien général, et *le temps n'est peut-être pas bien éloigné où le monographe s'émancipant de la tyrannie linnéenne, rejettera les cadres binominaux.....* » (Iconographia Polygalacearum 2e partie, 1893, in : *Mémoires Soc. phys. et hist. nat. de Genève*, préface, p. X).

auteurs, qui en général ont très mal connu les espèces qu'ils ont nommées, et dont l'interprétation des textes, ou même des figures, est une cause perpétuelle de discussions, sans aucune utilité pour la science? Pourquoi, encore, donner à Draparnaud de 1801 la priorité sur Draparnaud de 1805, c'est-à-dire ne pas admettre qu'un auteur rectifie ses idées, et par suite le langage dont il se sert pour les exprimer?

Le système que je propose n'aurait qu'un seul inconvénient : celui de laisser un peu plus vite tomber dans l'oubli le nom de nos devanciers; mais, encore une fois, la science ne peut s'encombrer, dans sa marche en avant, du souci de perpétuer les noms de ses plus modestes ouvriers. Par contre, les avantages seraient considérables. Le principal serait assurément, de faire cesser cette inondation de noms nouveaux, par laquelle la littérature scientifique contemporaine menace d'être submergée. Si les naturalistes savaient que leurs propres noms ne resteront accolés que pendant un temps très limité aux noms spécifiques qu'ils ont inventés, s'ils comprenaient, d'ailleurs, que dans la science tout fait nouveau, toute idée nouvelle, tout nom nouveau, devient la *propriété de* tout le monde, qu'ils le veuillent ou non, dès que cette idée, ce fait, ce nom, ont été publiés (1), nous ne serions peut-être pas encombrés de ces centaines, de ces milliers de prétendues espèces nouvelles, qu'il nous faut étudier péniblement, pour y découvrir quoi? le plus souvent une infime variation, une coquille un peu plus allongée, ou un peu plus globuleuse, un ombilic un peu plus ouvert, ou un peu plus fermé, caractères insignifiants qui sont noyés d'autre part au milieu d'une longue diagnose latine de plus d'une page, diagnose qui est elle-même un véritable trompe-l'œil pour quiconque ne prend pas la peine de l'éplucher minutieusement.

---

(1) Il n'y a d'exception que pour les *idées fausses*, pour les *erreurs*; celles-là, du moins, restent bien la propriété de ceux qui les ont émises; si la science se les approprie parfois, ce n'est jamais que pour un temps.

D'autres fois, au contraire, les auteurs ne prennent pas tant de peine : puisqu'il suffit d'une description pour justifier un nom nouveau, pourquoi faire une longue description? c'est un travail inutile. Un nom spécifique, une trentaine de mots latins qu'on dispose d'une façon un peu différente dans chaque diagnose, *striato-costulata* dans une, *costulato-striata* dans l'autre... et voilà une *espèce nouvelle!* (1).

Certains auteurs, même, décrivent au hasard, sous des noms nouveaux bien entendu, tout ce qu'ils rencontrent : « dans la quantité, disent-ils, il y aura bien quelques espèces vraiment nouvelles... je pourrais, certes, étudier consciencieusement les sujets que j'ai dans ma collection. Mais que de temps perdu! Pendant que j'étudierais convenablement un insecte, pour reconnaître le plus souvent qu'il a été déjà décrit, j'aurai le temps au contraire de faire plus de vingt diagnoses latines d'espèces nouvelles... dans le nombre je serais bien malheureux s'il n'y en a pas deux ou trois de vraiment nouvelles : il y a donc tout bénéfice pour moi. » Croit-on que j'exagère? Ouvrez le journal *l'Échange*, Revue Linnéenne, numéro du 15 mars, 1890, page 120. Vous y trouverez la description de deux coléoptères « nouveaux » *(Agaphanthia subnigra* et *Phytaccia compacta)*, et après, les lignes suivantes, qui méritent vraiment d'être relevées, et de recevoir une large publicité :

« Je pense que mes collègues ne m'accuseront pas d'avoir décrit trop inconsidérément, même si ces insectes sont déjà connus (il ne faut jurer de rien). Sans doute, il aurait été bien d'étudier beaucoup, mais dans l'étude je perdais un temps précieux, je pouvais être devancé par un autre, et adieu cette fortunée priorité. L'honneur de cette fameuse

---

(1) Je n'invente rien : voyez la description des *Helix Heripensis* et *Solaciaca*, dans le *Bull. de la Soc. zool. de France*, 1877. — Ces deux hélices, soit dit en passant, sont rapprochées par l'auteur de l'*H. Terveri* de Michaud : une pareille erreur est inconcevable!

priorité, voilà donc le coupable, si coupable il y a, car je l'avoue humblement, ce n'est qu'à la priorité (peut-être m'a-t-elle aveuglé) que j'ai songé dans cet article ; et où est le mal, puisque maintenant la priorité est tout ? »

Peut-être, cependant, M. Pic, le signataire de cet article, est-il un homme d'esprit, et a-t-il précisément voulu montrer l'absurde et le ridicule de ce qu'il appelle plaisamment « l'honneur de cette fameuse priorité » ?

D'autre part, la préoccupation de « rendre justice à ses devanciers », c'est-à-dire plutôt, la préoccupation de faire étalage d'érudition, entraine à d'étranges conséquences. M. Gustave Dollfus (1) a fort bien montré qu'il fallait renoncer complètement à la nomenclature binominale, sous peine de devenir obscur, si on veut conserver « l'inscription du nom du créateur de l'espèce, nom écrit en entier ou en abrégé, à la suite du nom de l'espèce, et *destiné à maintenir* la fixité du terme, et *la priorité de la découverte* ». Il cite des cas dans lesquels il faut *sept* noms pour caractériser une forme :

1° Nom de genre;

2° Nom de sous-genre (entre parenthèse);

3° Nom d'espèce (avec l'indication *sp)*;

4° Nom de l'auteur ;

5° Nom du genre dans lequel l'auteur primitif a placé l'espèce;

6° Nom de la variété ;

7° Nom de l'auteur de la variété.

Et comme exemple M. G. Dollfus cite :

Cerithium (Cerithiopsis) scabrum, Olivi, sp. *(Murex),* var. *Jadertianum,* Brusina.

« Et cependant mes renseignements *historiques* sont incomplets et strictement restreints, je n'y laisse même pas

---

(1) Essai sur la nomenclature des êtres organisés, *in : Bulletin de la Société d'études scientifiques de Paris,* 1882.

deviner, ce qui aurait son importance, que M. Brusina a pu considérer le *C. Jadertianum* comme une espèce distincte, qu'il aurait pu placer dans le sous-genre *Cerithiopsis* ou *Bittium*, qu'il aurait admis comme genre. »

Mais, M. G. Dollfus aurait pu ajouter que souvent il faut doubler ou tripler les noms d'auteur, et ajouter aussi les dates, si on veut être précis : *Helix Orgonensis* est de « Philibert *in* Moquin-Tandon » ; *Helix episema* est de Bourguignat, 1872 (in sched.), *in* Servain, 1880 ». Il faudrait même en arriver à un tableau, comme dans le cas suivant :

Genre *Odontostoma*, Fleming, 1828 (*Odostomia* corrigé en *Odonstostoma* en 1829 par Turton); *non Odontostoma* d'Orbigny, 1841.

Sous-genre *Ondina*, de Folin, 1870.

Espèce *insculpata*, Montagu, 1808 *(Turbo)*.

Variété *Monterosatoi*, Bucquoy Dautzenberg et Dollfus, 1883 (mais considéré comme espèce par ces auteurs).

Et nous voilà loin des *sept* noms jugés *indispensables* pour le *Cerithium Jadertianum* de Brusina !

Mais les inconvénients, le ridicule même, de cette méthode ne sautent-ils pas aux yeux de tout naturaliste? Est-ce que les chimistes, quand ils nomment le sulfate de potasse, ajoutent aussitôt : Lavoisier? Est-ce qu'ils se préoccupent des dix à douze noms par lesquels on désignait autrefois ce sel (1)? Enfin ne voit-on pas que l'*histoire de la science*, et la science, sont deux choses distinctes, et que l'on en vient peu à peu à négliger l'étude des *faits*, pour l'étude des *livres*, et qu'au lieu de faire de la *science* on ne fait plus que de l'*érudition* stérile?

En proposant de ne citer, *comme garantie d'identité*, que le nom du *dernier* auteur qui a bien connu, et bien décrit

---

(1) *Panacea duplicata, panacea holstatica, sal duplicatum, arcanum duplicatum, arcanum holsteiniense tartarus vitriolatus, nitrum vitriolatum, sal polychrastum Glaseri, vitriolium potassinatum.....*

l'espèce, ou la forme qu'on a en vue, je ne fais d'ailleurs que conseiller la franchise et la sincérité. Sur cent naturalistes qui citent Linné, combien, de bonne foi, possèdent la dixième édition du *Systema naturæ*? J'avoue pour ma part, ne pas avoir ce livre ; j'ai eu la curiosité de le parcourir, et cela m'a suffi pour constater qu'il ne me serait d'aucune utilité ; n'étant pas bibliophile, je ne le possèderai probablement jamais. Un grand nombre des ouvrages des anciens auteurs sont fort rares, introuvables parfois, même au prix de l'or. En fait, on procède déjà comme je propose de le faire : on recourt à la dernière bonne monographie qui ait été publiée sur le groupe d'espèces qu'on étudie, et là, où ils sont cette fois à leur place, on trouve les synonymies, et les divers renseignements bibliographiques concernant l'histoire des connaissances peu à peu accumulées par nos devanciers. Pourquoi dès lors faire étalage de recherches qu'on n'a pas faites, et reproduire des citations qu'on n'a pas pris la peine de vérifier ?

Mais dira-t-on peut-être, c'est ouvrir la porte à toutes les innovations ; c'est renoncer à la fixité du langage ! Si l'auteur d'une monographie ou d'un catalogue a le droit d'imposer des noms nouveaux, ce sera le désordre le plus complet, et la science sera entravée dans son essor, par ces perpétuels changements de langage !

J'ai déjà répondu en partie à cette objection. L'auteur d'une monographie ne sera suivi par ses contemporains, que si son travail, consciencieux et éclairé, constitue réellement un progrès. S'il abuse du droit de changer les noms défectueux, en changeant aussi les noms irréprochables, on le jugera sévèrement ; et la crainte de ce jugement sera suffisante pour le retenir dans cette voie funeste. D'ailleurs quel intérêt aurait-il à changer sans nécessité des noms, puisque ses successeurs n'admettront pas ses modifications lorsqu'elles ne seront pas justifiées, et puisque la « loi de priorité » ne sera plus là pour flatter sa vanité, et lui donner l'espoir que son propre nom sera indéfiniment répété, à la suite des nouveaux noms qu'il aura imaginés?

Il en serait dès lors des noms spécifiques comme de *tous les autres termes* employés dans *toutes les autres sciences*. Au fur et à mesure de la découverte de faits nouveaux, et de la mise en circulation d'idées nouvelles, les termes qui servent à relater ceux-ci, et à exprimer celles-là, seraient changés, lorsqu'ils ne seraient plus suffisamment appropriés aux fonctions qu'ils doivent remplir. Les anciens bactériologues admettaient les genres *Coccus, Bacterium, Bacillus, Spirillum;* actuellement on tend à considérer au contraire ces termes comme caractérisant de simples *modes*, que pourrait revêtir chaque espèce, suivant la nature des milieux nutritifs, la température, l'état de jeunesse ou de vieillesse, etc. Reprochera-t-on dès lors aux bactériologues de remanier complètement ces anciens noms, de créer de nouvelles coupes génériques? Et si un auteur croit devoir abandonner le nom de genre *Coccus*, par exemple, dira t-on que « le bon sens se refuse à admettre que cette désignation puisse être changée au gré du premier venu », et que « le plus vulgaire sentiment de probité en impose également le respect, comme celui d'une propriété dont nul ne peut enlever la jouissance, c'est-à-dire l'honneur, à celui qui l'a créée » (1)? — D'ailleurs, ce qui se passe précisément dans le cas des bactéries montre bien que les anciens noms ne seront pas abandonnés sans motif sérieux par les innovateurs; les genres *Coccus, Bacterium, Bacillus* et *Spirillum* ne seront plus admis, comme genres ; mais on dira encore le mode *Coccus*, le mode *Bactérium*, etc. (2). A

---

(1) Chaper, 1881, Rapport fait au nom de la Commission de la nomenclature de la *Société zoologique de France*, p. 24.

(2) Il en est de même pour les anciens noms de genre : *Scolex, Strobile, Proglottis, Nau-*

une idée nouvelle on adaptera de vieux noms. Car il n'est pas aussi facile qu'on se l'imagine de forger des noms nouveaux, lorsqu'on veut du moins être précis, logique et éviter le ridicule.

Le progrès des idées conduit fatalement à des modifications plus ou moins radicales dans la nomenclature. Je citerai par exemple une remarque fort judicieuse de M. Viviand-Morel, concernant les variétés *submersus*, *fluitans* et *terrestris*, que Godron a établies pour les *Batrachium* amphibies de la France (*tripartitum*, D. C., *hololeucos*, Lloyd, *Baudoti*, Godr., et *aquaticum*, L.), *Batrachium* qui ont les feuilles découpées en lanières fines, lorsqu'ils sont entièrement submergés, mais qui prennent au contraire des feuilles réniformes, lorsque les eaux où ils vivent sont peu profondes. Ces variétés « ne sont pas autre chose que de simples états de végétation; et pendant qu'il signalait des états, Godron oubliait de décrire des vraies variétés qui existent certainement (1) ». Assurément les termes *submersus*, *fluitans* et *terrestris* doivent être abandonnés, comme variétés, et ne plus être considérés que comme des *modes*, qui résultent manifestement de l'influence des milieux. Toutefois M. Viviand-Morel n'a pas remarqué qu'il en est de même pour une foule d'autres variétés, qui ne sont elles aussi que des états, des *modes*, déterminés par des influences de milieu, mais dont le déterminisme ne nous est pas aussi bien connu (2).

Je citerai encore, pour en revenir aux mollusques, une

---

plius, *Zoë*, *Amphion*, etc., qui ne sont plus maintenant que des noms de *mode*, de *phase*, de *stade*.

(1) *Bulletin de la Soc. bot. de Lyon*, séance du 17 février, 1891, p. 21.

(2) La section *Batrachium* du genre *Ranunculus* présente en outre ceci d'intéressant, que si certaines espèces ont les feuilles variables, tantôt réniformes, tantôt capillaires, il y a d'autres espèces qui les ont toujours réniformes (*hederaceum*, L., et *cœnosum*, Guss.), ou au contraire toujours capillaires (*trichophyllum*, Chaix, *Droueti*, Schultz, *divaricatum*, Schrank, et *fluitans*, Lam.). Les grenouillettes nous montrent donc très nettement comment un caractère morphologique peut être très variable dans une espèce, et très invariable, au contraire, dans une autre espèce voisine.

proposition faite récemment par M. de Monterosato, au sujet de la nomenclature des hélices xérophiliennes du bassin méditerranéen. Voici comment s'exprime le savant naturaliste sicilien. « Les Xérophiles ont été déjà séparés en divers groupes, qui ont reçu les noms de *Heliomanes, Striatella, Helicopsis, Jacosta, Disculus, Ochthephila, Xeroleuca, Helicella, Turricula, Cochlicella*. Sauf un ou deux, la plupart de ces noms me semblent insuffisants, incorrects, et mal appropriés..... Je vais donc indiquer, le plus brièvement possible, une nomenclature uniforme qui a ses avantages et que je crois nécessaire. J'ai été guidé, dans la composition de ces groupes principalement par la considération de leur distribution géographique (1) ». Je n'indiquerai pas ici les raisons pour lesquelles je ne puis accepter la nouvelle classification, si ingénieuse, de M. de Monterosato, et les *quarante-deux* nouveaux noms de sous-genre qu'il a imaginés pour subdiviser encore le grand sous-genre *Xerophila (Xeroleuca, Xerofalsa, Xerosecta, Xeroplana, Xeroamanda, Xeromoesta, Xeroclausa, Xerolena, Xerotringa, Xeroampulla, Xerofusca,* etc., etc.); mais je ne puis m'empêcher d'applaudir à un essai de réforme, dans lequel l'auteur ne s'est pas laissé arrêter par d'étroites considérations de priorité, sans parler du plaisir que j'éprouve à voir ce même auteur comprendre toute l'importance qu'il convient d'attribuer à l'étude de la distribution géographique des espèces.

Le jour où on cessera enfin de considérer comme chose sacro-sainte la nomenclature si embrouillée que nous ont léguée nos prédécesseurs, on pourra enfin rectifier, ou modifier, une foule de noms spécifiques qui sont, ou barbares, ou ridicules, ou ambigus, ou mal adaptés. Ce que j'estime comme le *minimum* des réformes urgentes à accomplir, a été indi-

(1) *Molluschi terrestri delle isole adiacenti alla Sicilia*, 1892, p. 21.

qué déjà par mon excellent confrère et ami le Dr Saint-Lager (1). La suppression complète des épithètes composées au moyen de noms propres est de toutes ces réformes urgentes celle qui me semble le plus nécessaire, car c'est là encore une porte ouverte à la vanité des auteurs, qui avec un sans-gêne vraiment touchant, donnent leurs propres noms à leurs « espèces nouvelles », mais en attribuant, pour sauvegarder les apparences, la paternité de ces espèces à quelqu'un de leurs collègues ou amis : *Helix Dumonti* Duval, et *Helix Duvali* Dumont... Ces auteurs ont cependant une excuse; c'est la difficulté de trouver des noms nouveaux, lorsque par exemple on admet 501 « espèces » d'*Helix* (2), et 250 « espèces » d'Anodontes (3), pour la France seulement. Mais précisément je crois avoir montré, surabondamment, que le système de multiplication indéfinie des noms spécifiques repose sur une fausse interprétation des faits naturels. On n'aura donc presque jamais plus à chercher de nouveaux noms, le jour où le nombre des espèces sera enfin ramené à sa valeur réelle. Il n'appartient à personne de modifier ce nombre, puisque, sauf quelques cas douteux, très peu nombreux, il ne peut y avoir divergence dans l'opinion de plusieurs observateurs consciencieux, sur le nombre des espèces qui composent la faune actuelle de chaque pays.

Je dois toutefois indiquer un point de détail, sur lequel je ne suis pas du même avis que M. le Dr Saint-Lager. Ce dernier croit devoir proscrire absolument les noms géographiques; or j'estime, au contraire, que de pareils noms sont les meilleurs, *lorsqu'il est possible d'en donner*, c'est-à-dire lorsqu'il est possible de caractériser, par une seule épithète

---

(1) Réforme de la nomenclature botanique, *in* : *Ann. Soc. bot. Lyon*, 1880, t. VII, p. 1 à 154; — et : Nouvelles remarques sur la nomenclature botanique, *Ann. Soc. bot. de Lyon*, 1881, t. VIII, p. 149 à 204.
(2) A. Locard, 1894. *Les coquilles terrestres de France.*
(3) A. Locard, 1893. *Les coquilles des eaux douces et saumâtres de France.*

géographique, le domaine d'une espèce, et lorsqu'aucune autre espèce du même genre ne mérite cette même épithète. Mais bien entendu, ici encore, et plus que jamais, il faut admettre que la nomenclature est indéfiniment revisable; car si on ne peut modifier aucun nom spécifique, rien ne sera plus mauvais, en effet, qu'un nom géographique : un tel nom, donné, cela va sans dire, au moment de la découverte de l'espèce, c'est-à-dire alors qu'on la connaissait à peine, et qu'on ne savait rien sur sa distribution géographique réelle, se trouvera, presque toujours, donné à faux. La parfaite adaptation de l'épithète géographique à la situation et à la forme du domaine d'une espèce sera souvent très difficile ou même impossible à réaliser. Mais pour les races *régionales* ou *locales* ce sera plus facile, et justement ces sortes de races ne sauraient être mieux définies que par le nom géographique de la région, ou de la station, dans lesquelles elles sont cantonnées.

M. Saint-Lager critique aussi les expressions banales, telles que *pratensis*, *nemorosus*, *segetalis*, *vulgaris*, *communis*, etc. Ces noms, dit-il, « seraient avantageusement remplacés par des adjectifs exprimant un caractère morphologique ». Mais il n'est pas toujours possible, principalement dans les genres très riches en espèces, d'exprimer par un seul adjectif, la caractéristique morphologique de chaque espèce; et alors il faut bien se contenter des expressions banales, c'est-à-dire purement conventionnelles ; je citerai par exemple : *Helix hortensis* et *nemoralis*, *Anodonta cygnea* et *anatina*, *Hyalinia cellaria*, *Helix pulchella*, *Theodoxia fluviatilis*, *Columbella rustica*, *Cerithium rupestre*, *Mytilus edulis*, etc.

En résumé, il n'y a que trois sortes de noms spécifiques acceptables : 1° les noms géographiques, qui sont les meilleurs, mais qu'on ne peut pas donner souvent; 2° les expressions banales, purement conventionnelles, mais à l'exclusion formelle des noms propres ; 3° enfin les épithètes exprimant la caractéristique, ou l'une des caractéristiques morphologiques de l'espèce, sous la réserve toutefois que ces épithètes ne puissent prêter à confusion avec celles qui sont nécessaires pour exprimer convenablement les différents modes que peuvent présenter les caractères variables de cette espèce.

Je terminerai ce chapitre en répétant pour me l'approprier ce que M. le Dr Saint-Lager disait lui-même en terminant sa première étude sur la réforme de la nomenclature botanique : aux partisans du *statu quo* et de l'immobilité nous répondrons que c'est en vain qu'ils voudraient enfermer le langage scientifique dans un cercle infranchissable. L'histoire nous apprend que, d'époque en époque, celui-ci a varié à mesure que s'opérait l'évolution des idées dont il est la représentation matérielle. De ce mouvement incessant, il est permis de conclure, par analogie, que ce serait une prétention chimérique de vouloir trouver d'ores et déjà une formule définitive de la nomenclature.

CHAPITRE XIV

RÉSUMÉ ET CONCLUSIONS

Les anciens naturalistes se préoccupaient fort peu de la distribution géographique des animaux ou des plantes qu'ils collectionnaient. On voit, par exemple, dans Müller (1), les indications suivantes, données comme habitat des mollusques successivement décrits :

(1) *Vermium terrestrium et fluviatilium Historia*, t. II.

in campis et hortis ubique ;
in montibus Indiæ ;
in India orientali, inque museo Spengleriano ;
in museo Spengleriano ;
in muscis passim.

Cette manière d'indiquer la provenance des coquilles énumérées dans un ouvrage descriptif est vraiment caractéristique. Où se trouve telle espèce? — Çà et là dans les musées !

Buffon, le premier peut-être, formula cette loi que chaque espèce possède un domaine propre. « Il n'y a peut-être aucun animal dont l'espèce soit généralement répandue sur toute la surface de la terre; chacun a son pays, sa patrie naturelle, dans laquelle chacun est retenu par nécessité physique ; *chacun est fils de la terre qu'il habite*, et c'est dans ce sens que l'on peut dire que tel ou tel animal est originaire de tel ou tel climat. »

Darwin, à son tour, a précisé encore mieux cette loi de la localisation des espèces, en montrant que non seulement chaque espèce a un domaine limité, mais encore que la forme et l'étendue de ces domaines ne résultent pas exclusivement des influences de milieu, telles que les climats ou autres conditions physiques. « Si nous parcourons le vaste continent américain, depuis les parties centrales des Etats-Unis jusqu'à son extrémité méridionale, nous rencontrons les conditions les plus différentes : des régions humides, des déserts arides, des montagnes élevées, des plaines couvertes d'herbes, des forêts, des marais, des lacs et des grandes rivières, et presque toutes les températures. Il n'y a pour ainsi dire pas, dans l'ancien monde, un climat ou une condition qui n'ait son équivalent dans le nouveau monde — au moins dans les limites de ce qui peut être nécessaire à une même espèce. On peut, sans doute, signaler dans l'ancien monde quelques régions plus chaudes qu'aucune de celles du nouveau monde, mais ces régions ne sont point peuplées par une faune différente de celle des régions avoisinantes; il est fort rare, en effet, de trouver un groupe d'organismes confiné dans une étroite station qui ne présente que de légères différences dans ses conditions particulières. Malgré ce parallélisme général entre les conditions physiques respectives de l'ancien et du nouveau monde, quelle immense différence n'y a-t-il pas dans leurs productions vivantes (1) ! »

A mon tour, je crois avoir montré, dans le présent travail, qu'il faut attribuer une importance encore plus grande à l'étude de la distribution géographique, ou même topographique, des animaux et des plantes. *Chaque espèce est bien réellement fille de la terre qu'elle habite, comme le disait Buffon ; et j'ajouterai même, en précisant : l'emplacement et la forme du domaine spécifique de chaque espèce sont des éléments de son autonomie bien plus importants, parfois, que les caractères morphologiques ou physiologiques, souvent si variables.*

A. de Candolle a bien pressenti toute l'importance que doit prendre peu à peu la géographie biologique. Il a même proposé un nouveau nom, *épiontologie*, pour la science qui étudiera « la distribution et la succession des êtres organisés depuis leur origine jusqu'à l'époque actuelle, celle-ci comprise... Elle se compose de deux branches, assez mal désignées, la paléontologie, et la géographie botanique ou zoologique... L'épiontologie comprendrait, si on veut, la paléontologie et la géographie actuelle des êtres organisés; mais cette division, trop inégale, et à limite bien vague, disparaîtra probablement. On ne divise pas l'histoire des peuples en histoire contemporaine et histoire antérieure (2). » On pourrait dire encore, plus exactement, que cette science, que je préfère appeler

---

(1) *L'origine des espèces*, éd. franç. Barbier, 1887, p. 424.
(1) Etude sur l'espèce, à l'occasion d'une revision de la famille des Cupulifères, *in: Ann. Sciences naturelles*, 1862, p. 109.

tout simplement *géographie biologique*, est la science qui cherche à reconstituer l'histoire des variations que les espèces ont subies dans l'emplacement, l'étendue et la forme de leurs domaines, et par suite aussi l'histoire des variations de leurs caractères morphologiques et physiologiques, celles-ci étant la conséquence de celles-là.

L'espèce est donc un groupe d'individus, occupant une portion plus ou moins grande du globe terrestre, et qui, dans ce domaine qui leur est propre, ne se mêlent pas avec les autres individus de même genre qu'ils rencontrent, tandis que, au contraire, ils sont entre eux tous parents, ou pourraient le devenir, par des unions fécondes et à produits indéfiniment féconds.

L'espèce ainsi comprise a donc bien une réalité objective. Et j'ajouterai que les sous-genres, genres, tribus, familles, classes, ordres, etc., sont des groupes non moins réels, lorsque du moins ils sont convenablement établis. Il faut remarquer en effet que toutes ces catégories successives sont plus ou moins réelles, plus ou moins objectives, si je puis m'exprimer ainsi, suivant qu'on adopte telle ou telle manière de les définir, et partant de les concevoir. Une idée est subjective lorsqu'elle dépend essentiellement de l'esprit qui la conçoit : elle ne correspond donc pas entièrement à la réalité des choses, c'est une idée fausse, ou tout au moins une idée incomplète. Une idée est objective, au contraire, lorsqu'elle est dégagée de tout ce qu'il y a de personnel, d'individuel, d'humain, dans le sujet qui la conçoit : c'est une idée vraie. Le rôle de la science est assurément de remplacer peu à peu toutes les idées subjectives par des idées objectives, l'erreur par la vérité.

Les malacologistes, de l'école de Bourguignat, qui proclament que l'espèce est une notion conventionnelle, et subjective, ont parfaitement raison : *leur* espèce, c'est-à-dire l'idée qu'ils ont de l'espèce, est assurément subjective. Mais si on envisage, comme je l'ai fait, non plus seulement les caractères morphologiques, mais aussi les caractères physiologiques et géographiques, on s'aperçoit que les individus peuvent se grouper en catégories naturelles, en espèces, qui, celles-ci du moins, sont bien réelles, nullement conventionnelles, et parfaitement objectives. Il en est de même si on compare les familles naturelles de Laurent de Jussieu, aux monandrie, polyandrie, monogynie, ou autres catégories artificielles, et assurément conventionnelles de la classification de Linné.

Toutefois, il ne faut pas oublier que la notion de l'espèce est exposée à perdre toute précision, toute objectivité, lorsqu'on veut l'étendre à travers les âges, pendant la série des temps géologiques. Les paléontologistes se trouvent en présence, à cet égard de difficultés de nomenclatures bien plus grandes que celles qu'on rencontre dans l'étude de la faune moderne. Fontannes a bien montré, à propos des *Pecten Restitutensis* Fontannes, et *latissimus* Brocchi, des terrains miocènes et pliocènes, combien il était difficile de déterminer les rapports exacts de parenté de certaines formes affines, mais non contemporaines, et par suite combien il était difficile de les classer rationnellement (1). On ne sait plus alors quelle classification adopter, espèce, race, variété, mutation ascendante ou descendante. Je citerai encore les mammifères dont on retrouve les restes dans les phosphorites du Quercy ; ces dépôts « occupent des crevasses, où ils ont été formés avec une lenteur extrême ; les débris des animaux qui vivaient aux alentours sont tombés dans ces crevasses pendant la succession de plusieurs périodes géologiques (2) » ; et il est bien probable, par exemple, que les *dix-sept* « espèces » de *Cynodon* que M. Filhol a distinguées dans ces dépôts ne

---

(1) *Bull. Soc. Géol. France*, 8 mars 1884, p. 357.
(2) A. Gaudry, 1878. *Les enchainements du monde animal, mammifères tertiaires*, p. 24

sont que dix-sept types, conventionnellement choisis, au milieu d'un très grand nombre d'autres formes que présentait ce groupe très polymorphe, mais qui peuvent néanmoins servir avantageusement, faute de mieux, comme points de repère, pour l'étude de l'évolution successive de ces lointains ancêtres de nos civettes et de nos chiens.

Mais je ne veux pas traiter ici la question de l'espèce paléontologique, question plus difficile, et plus complexe, cela va sans dire, que celle de l'espèce envisagée exclusivement au moment présent. Il faut en toute chose procéder du simple au composé, et je n'ai pas d'autre but, dans cette étude, que de bien distinguer, bien définir et bien classer les espèces, races ou variétés des mollusques *actuellement* vivants sur notre globe.

J'ai dit bien classer, et j'ajouterai bien nommer. En effet, le choix d'une bonne nomenclature n'est pas aussi indifférent que certains naturalistes peuvent le supposer. Tout le monde reconnaît que la nomenclature chimique, imaginée par Lavoisier, et d'après laquelle les noms doivent marquer la composition des substances auxquelles ils se rapportent, a été pour beaucoup dans les progrès étonnants de cette science, pendant ce siècle. Or, l'histoire naturelle traverse actuellement une crise, si je puis m'exprimer ainsi, tout à fait analogue à celle qu'a traversée la chimie à la fin du siècle dernier. Les anciens chimistes, ou alchimistes, donnaient aux corps des noms arbitrairement choisis, et qui rappelaient soit l'origine, soit quelque propriété physique, soit le nom de l'inventeur. Le plus souvent d'ailleurs, ils ne connaissaient pas la composition de tous ces corps. Lorsqu'ils la soupçonnèrent, et lorsqu'ils eurent constaté des propriétés analogues dans certains groupes, ils essayèrent de réaliser une *classification naturelle, et une nomenclature qui en fut l'expression*. On peut citer par exemple les essais de Bergman, qui pour désigner les sels alcalins, tirait un nom de genre de la base, et un nom spécifique de l'acide : les sels de magnésie constituaient un *genre*, et les différentes *espèces* de ce genre étaient *Magnesia aërata*, *M. vitriolata*, *M. nitrata*, etc. (carbonate, sulfate, azotate de magnésie). Ce ne fut que lorsque Lavoisier et ses contemporains eurent dévoilé la composition intime d'un grand nombre de corps, que l'idée d'exprimer cette composition par la nomenclature fut enfin acceptée par tout le monde, et si heureusement réalisée.

De même, pour l'histoire naturelle, les zoologistes et les botanistes, nos devanciers, se sont efforcés graduellement de remplacer les systèmes de classification plus ou moins conventionnels, tels que ceux de Tournefort et de Linné, par une *classification naturelle*, c'est-à-dire *exprimant les similitudes de construction, les analogies et homologies, les affinités, ressemblances* et *dissemblances*. Mais peu à peu, à toutes ces idées assez vagues se substituait l'idée précise de *parenté*, de *descendance;* et depuis que Darwin, véritable Lavoisier de notre science, a enfin montré toute l'importance que devait prendre à l'avenir cette idée, *la classification et la nomenclature ont enfin un but précis et bien déterminé: exprimer le mieux et le plus clairement possible les relations de parenté qu'ont entre eux les différents êtres organisés.*

Je ne veux pas m'occuper, pour le moment, de la classification, c'est-à-dire des règles qui doivent guider le naturaliste dans la définition des catégories d'ordre supérieur : classes, ordres, familles, tribus, genres, sous-genres et autres encore, qu'il convient parfois d'intercaler dans cette série, pour exprimer plus complètement les affinités réciproques des êtres qu'on veut classer. Mais je m'occuperai seulement de la nomenclature, c'est-à-dire de la classification des catégories d'ordre inférieur, espèces, sous-espèces, races, variétés, colonies, formes, etc., et des noms qu'il convient de leur donner.

De toutes ces catégories, de tous ces groupes, ceux-là seuls doivent être conservés qui sont naturels, c'est-à-dire non conventionnels, et réels d'une réalité bien nettement objective. Les *formes*, c'est-à-dire les « espèces » malacologiques de Bourguignat, ne peuvent trouver place dans la nomenclature : ce sont des groupes conventionnels, composés de tous les individus ayant *à peu près* les caractères énumérés dans une description, dite « typique ». J'ai montré, dans ce mémoire, que ces « espèces », ainsi considérées, ne sont que des groupements artificiels ; car tantôt on est conduit à classer dans plusieurs de ces « espèces » les différents frères, ou cousins, tous habitants de la même colonie, et tantôt, au contraire, on est conduit à classer dans une même de ces « espèces » des individus assez semblables il est vrai, quant aux caractères énumérés dans la description « typique », mais faisant réellement partie de deux groupes spécifiques radicalement distincts (1).

L' « espèce » botanique de Jordan, ou de Nägeli et Peter, c'est-à-dire l'espèce telle que la comprenait Bourguignat (à la fin de sa vie), mais avec cette restriction que la description typique ne doit comprendre que des caractères héréditaires, et dont l'hérédité a été expérimentalement vérifiée, est moins artificielle il est vrai que la précédente ; mais tous les caractères, en fait, sont plus ou moins héréditaires ; il suffit, à cet égard, de faire appel au témoignage des zootechniciens. De pareilles espèces ne sont donc autre chose, en somme, que ce que nous appelons, dans l'espèce humaine, des tribus, ou même simplement des familles.

---

(1) Je fais allusion ici, d'une part, aux huit « espèces » d'anodontes extraites d'une seule colonie d'anodontes de la Seine, entre Elbeuf et Rouen, et dont nous avons longuement parlé au chapitre 10 ; d'autre part, aux *Helix cespitum* et *neglecta*, deux vraies espèces, dont certaines coquilles, de l'une et de l'autre, répondent à l'*A. Dantei* de Bourguignat, forme intermédiaire, morphologiquement, entre les formes que revêtent le plus ordinairement les coquilles des *A. cespitum* et *neglecta*.

G. C.

Ainsi donc, si nous partons de l'individu, et si nous voulons éviter entièrement les conventions, et l'arbitraire, nous ne pouvons adopter, dans la nomenclature, que les groupements suivants :

1° La *colonie*, groupe d'individus isolés dans une station particulière ; je n'ai pas à répéter ici la définition précise que j'ai donnée de ce terme, au chapitre premier.

2° Les *races* locales, ou régionales, de divers ordres, chacune étant définie par la portion de territoire, ou la région plus ou moins grande, mais nettement définie, dans laquelle toutes les colonies présentent une certaine homogénéité morphologique relative.

3° Enfin, l'*espèce*, qui est le groupement d'un ensemble de colonies, ou de races, réparties sur une portion du globe terrestre (appelée *domaine* de l'espèce), et se distinguant nettement de tous les autres groupes voisins, c'est-à-dire de toutes les autres espèces affines, soit par ce fait que son domaine est distinct des domaines des autres espèces, soit parce que ses individus ne peuvent pas se croiser avec les représentants de ces mêmes espèces voisines.

Mais dans une espèce, dans une race, et même dans une colonie, les différents individus ne sont pas identiques, et chaque caractère varie entre des limites plus ou moins étendues. Ne faut-il pas *cataloguer* aussi, et *nommer* toutes ces formes, tous ces individus différents ?

Assurément ; mais c'est ici qu'il faut choisir entre deux systèmes bien différents.

1° On peut donner un nom conventionnel spécial à un certain nombre de types, choisis *arbitrairement* parmi les innombrables variations susceptibles d'être notées, et suivre ainsi l'exemple des auteurs analytiques, tels que Bourguignat pour les mollusques, Nägeli et Peter pour les épervières, Jordan pour un grand nombre de phanérogames. Ces types ont été à tort qualifiés d'*espèces* par ces auteurs; mais on pourrait fort bien les appeler *variétés*, et conserver tous les noms qu'on leur a donnés. J'ai moi-même préconisé, il y a quelques années, ce système (1), et il est encore, à mon avis, le seul qu'on puisse suivre, *lorsqu'on commence* l'étude de groupes très polymorphes.

2° On peut au contraire, lorsque le polymorphisme d'une espèce a été bien étudié, donner, comme je l'ai proposé, des noms de *modes* à chacun des états suffisamment tranchés que peuvent présenter *chacun des caractères* variables. Je ne suis pas l'inventeur de cette méthode; ou du moins, après l'avoir imaginée, et appliquée, aux mollusques d'abord, dans mes notes personnelles (2), et ensuite aux végétaux (3), je me suis aperçu qu'un éminent botaniste l'avait déjà proposée bien avant moi. C'est Duval-Jouve, qui en 1865 (4), dans une étude très remarquable sur le polymorphisme des Glumacées françaises, a montré que bien des prétendues « espèces », n'étaient que des variétés différant en ce que certains caractères variables, revêtaient dans chacune un mode particulier. Je ne résiste pas au plaisir de citer Duval-Jouve, dont les idées sont, à cet égard, complètement les miennes. « Pour apprécier toutes ces variations, il ne faut pas se contenter d'avoir un ou deux échantillons d'une seule localité; il faut posséder la plante d'un grand nombre de stations, non seulement diverses et éloignées, mais encore rapprochées et analogues. Sans cette précaution, les degrés intermédiaires de ces variations passent inaperçus, la vue isolée de deux formes

---

(1) Revision sommaire du genre *Moitessieria*, in Feuille des jeunes naturalistes, 1884, n° 165.

(2) J'ai parlé aussi, dès 1891, du « mode » *Belgrandia*, chez les *Bythinella*, du « mode » *Digyreidum*, chez les *Bythinia* (Note sur les petites Bythinidées des environs d'Avignon, *in:* Ann. Soc. Agr. Hist. naturelle de Lyon, t. V, 6ᵉ série, p. 367).

(3) Première note sur le polymorphisme des végétaux, *in:* Ann. Soc. Bot. Lyon, 1893, t. XVIII, p. 166 et suiv.

(4) Variations parallèles des types congénères, *in:* Bull. Soc. Bot. France, 21 avril 1865. p. 196.

extrêmes conduit à leur séparation spécifique, et cela presque inévitablement lorsque le premier descripteur a fait mention d'un rapport qui l'a frappé. Ainsi, par exemple, une première description a-t-elle dit : « capsule presque de moitié plus courte que le périanthe », et trouve-t-on la même plante avec « un périanthe égalant ou dépassant à peine les capsules », on en fait immédiatement une espèce distincte. *Comme si l'imperfection inévitable des premières descriptions constituait, pour les floristes, non le devoir de les compléter, mais le droit d'établir autant d'espèces qu'on trouvera ultérieurement de points ne concordant pas avec la description princeps, ou avec la description récente la plus autorisée* » (p. 198).

Duval-Jouve signale pour chaque espèce du genre *Juncus*, les modes *effusus* et *compactus*, *longiglumis* et *breviglumis*, *nigrescens* et *pallescens*, *microcarpus* et *macrocarpus*. N'est-ce pas absolument la même méthode que celle que j'ai suivie pour définir le polymorphisme des *Bulimus detritus*, *Helix striata*, etc.? Et même, les *Juncus effusus* L., et *conglomeratus* L., qui présentent chacun les modes *effusus* et *compactus*, et qui ont été confondus dès lors par Meyer sous le nom de *J. communis*, ne sont-ils pas les analogues des *Helix acuta* et *ventricosa*, qui présentent chacune les modes *elongatus* et *obesus*, et qu'on pourrait si facilement réunir en une même espèce, si on considérait uniquement, dans une collection mal classée (1), la série des coquilles intermédiaires qui relient, par une graduation insensible, les deux types extrêmes, *acuta* mode *elongatus*, et *ventricosa* mode *obesus*?

Cette méthode que je préconise à mon tour, pour les mollusques, est éminemment propre « à jeter du jour et de l'ordre dans la description des types (plus exactement : des espèces), ainsi qu'à prévenir l'inutile promotion à la dignité

---

(1) C'est-à-dire : où les échantillons de même colonie ne sont pas groupés ensemble.

spécifique des groupes d'individus affectés d'une de ces variations qui, plus ou moins longtemps transmissible par atavisme (par hérédité), semblent ne devoir constituer que des variétés subordonnées (1). » Il y a plus ; elle « pourrait même rendre service aux partisans de la trituration indéfinie... La constatation des variations parallèles (2) pourra servir de principe de division tout aussi bien à ceux qui veulent émietter et pulvériser les anciens types, qu'à ceux qui ne veulent qu'en noter les modifications. On se sera au moins entendu au moment du départ, et peut-être alors sera-t-on assez sage pour ne point qualifier « d'absurde et immorale doctrine » la timidité de ceux qui s'arrêteront en route, et n'oseront voir deux espèces distinctes, que dis-je, deux sections génériques, dans de pauvres petites plantes qui, identiques dans l'ensemble, ont, les unes la légère disgrâce de n'offrir que : « *pili omnes vel fere omnes simplices, furcatis rarius immixtis* », les autres le douteux privilège de présenter : « *pili omnes vel fere omnes bifidi, simplicibus rarioribus immixtis* ».

Duval-Jouve fait très spirituellement allusion, dans ce passage, aux *cinquante-trois* « espèces » que M. Jordan avait démembrées, en 1864, de la *Draba verna* de Linné, et qu'il avait classées en deux sections ne différant, comme l'indiquent les deux caractéristiques latines textuellement citées, que par le dégré de fréquence des poils simples, ou des poils bifides (3). Les deux sections des Erophiles jordaniennes, établies sur un caractère des plus futiles, mais du moins héréditaire, c'est-à-dire doué de quelque fixité, sont encore

---

(1) Duval Jouve. *loc. cit.*, p. 197.

(2) Duval Jouve remarque que, lorsqu'un caractère est variable dans une espèce, il est généralement variable aussi dans toutes les autres espèces voisines ; de là l'expression de *variations parallèles* », qui exprime très heureusement ce fait. De là aussi, cette conséquence, que j'ai déjà signalée, qu'un nombre assez restreint de noms de *modes*, peut servir pour un grand nombre d'espèces différentes.

(3) Alexis Jordan, Diagnoses d'espèces nouvelles ou méconnues, pour servir de matériaux à une flore réformée de la France et des contrées voisines, 1864, p. 207 et p. 219.

plus naturelles, et mieux justifiées, que les sections d'anodontes dont nous avons parlé au chapitre 10, et qui diffèrent entre elles, par exemple, en ce que, dans celle-ci, le « galbe » de la coquille est « écourté-ventru », tandis que dans celle-là, il est au contraire « allongé-ventru ».

Le choix entre les deux méthodes de classification et de nomenclature des différentes formes, dans l'espèce, ne saurait donc être douteux. Qu'on respecte les noms des auteurs analytiques, et qu'on catalogue les types qu'ils ont décrits, rien de mieux, quand on commence l'étude d'un genre ou d'une faune peu connue. On est bien forcé d'utiliser les quelques échantillons, les descriptions plus ou moins sommaires, et les noms plus ou moins heureux qui constituent les seuls matériaux utilisables. Mais tout cela n'est que provisoire (1). Dès que les matériaux deviennent plus nombreux, aussitôt surtout que l'on peut étudier, par des explorations méthodiques la distribution géographique et le polymorphisme des animaux, ou des plantes considérées, la plupart des prétendues espèces, provisoirement admises, deviennent simples variétés. *On est obligé de remanier, de compléter les descriptions, et d'abandonner même les anciens types, qui n'avaient dû qu'au hasard d'être les premiers rencontrés par les naturalistes, l'honneur d'une description particulière.* Les noms eux-mêmes, qui étaient attachés à ces types, seraient-ils donc conservés? Si je reconnais, par exemple, après une étude minutieuse, qu'il y a en Europe deux cents espèces différentes d'*Helix*, qui présentent toutes, d'une part certains individus à spire déprimée, d'autre part certains individus à spire élevée, conserverai-je comme noms conventionnels de variétés, les

---

(1) C'est ainsi que A. de Candolle estimait, en 1862, que « sur plus de *trois cents* espèces de cupulifères qui seront énumérées dans le Prodrome, les deux tiers au moins sont provisoires. » (Ann. Sc. naturelles, 1862, p. 75.) Le Prodrome énumère 281 espèces de *Quercus* (1864, pars XVI).

deux cents noms différents donnés aux premiers, et les deux cents autres noms, également différents, donnés aux seconds? Ne dois-je pas au contraire, tout à la fois faire œuvre de synthèse, œuvre scientifique, en formulant le fait général, la loi, de ces quatre cents variations, et profiter de l'occasion pour supprimer quatre cents noms inutiles, que je remplacerai simplement par deux autres : mode *depressus*, et mode *elatus* ?

L'encombrement par les noms inutiles, tel est en effet le grand fléau qui paralyse aujourd'hui presque tous les progrès de l'histoire naturelle.

« Il n'est que temps de réagir contre l'envahissement toujours en progrès des créations spécifiques insuffisamment justifiées, qui jettent la confusion dans la nomenclature, faussent l'idée d'espèce, et n'ont d'autre résultat que de s'opposer à la marche des connaissances et des acquisitions de l'esprit dans le domaine des sciences naturelles. Nos catalogues sont encombrés par ces créations d'ordinaire fictives et arbitraires, ne correspondant à aucune réalité ontologique, et ne servant qu'à attirer l'attention sur le nom de leurs auteurs (1). »

Si on ne s'arrêtait pas dans cette voie du morcellement indéfini des espèces polymorphes, on en arriverait à distinguer, par des noms distincts, des millions de formes différentes, dont la description et la nomenclature deviendraient absolument impossibles. Ce serait « le chaos dans les collections, dans les livres et dans les esprits, et la systématique périrait dans cette poussière d'espèces affines (de *prétendues* espèces affines), indiscernables sur le sec, et souvent aussi sur le vivant, si la force majeure du *possible* ne ramenait bientôt les botanistes à l'emploi d'un mètre moins infinitésimal que celui de l'école jordanienne. »

---

(1) La notion de l'espèce chez les Muscinées, par M. A. Acloque, *in* : *Revue scientifique*, 15 septembre 1894, p. 338).

« Cette tour de Babel, si l'on pouvait la construire, aurait-elle du moins quelque utilité scientifique? Je dis que, de ce côté encore, il faut perdre tout espoir. Nous avons déjà vu à l'œuvre ceux qu'on pourrait appeler les *outranciers* du morcellement spécifique, et il serait superflu de rappeler ce que sont devenues, entre leurs mains, certaines bonnes espèces de Linné, que tout le monde reconnaissait aisément, avant qu'ils les eussent hachées en morceaux, et qui, depuis ce perfectionnement, ne présentent plus, dans les livres du moins, qu'un inextricable *magma*. Quel service ont-ils par là rendu à la science? Quelle idée nouvelle y ont-ils introduite? Ils ont consumé le meilleur de leur temps et de leurs forces à chercher des minuties qu'eux seuls aperçoivent, et qui, en fin de compte, n'aboutissent qu'à grossir une nomenclature très embarrassante. Je suis bien tenté d'appliquer aux résultats de ce patient labeur l'adage cruel : *Verba et voces, prætereaque nihil !* (1) »

J'essayerai maintenant, en manière de conclusion, d'indiquer brièvement les idées successives d'un naturaliste qui, exempt de parti pris, chercherait à se rendre compte de ce qu'est l'*espèce*, et voudrait en donner une définition irréprochable.

1° Supposons, comme point de départ, que nous observions les mollusques vivants dans un jardin, et que pour étudier leur polymorphisme, nous récoltions un grand nombre d'individus, plusieurs centaines, ou même plusieurs milliers. Nous constaterons, au premier coup d'œil, que tous ces individus peuvent très facilement, et sans aucune indécision, se classer en un petit nombre de catégories, neuf par exemple, et que

---

(1) Ch. Naudin. Les espèces affines et la théorie de l'évolution, in : *Bull. Soc. Bot. France*, 13 novembre 1874, p. 271.

dans chacun des neuf groupes ainsi formés, tous les individus sont presque identiques. Ces neuf catégories, ces neuf *espèces*, sont je suppose celles qu'on nomme : Helix acuta, terrestris, variabilis, striata, cespitum, conspurcata, carthusiana, vermiculata et aspersa (1). D'un autre côté nous remarquons que dans chaque *espèce* les enfants ressemblent aux parents, et qu'il n'y a aucune union croisée produisant des sujets de forme intermédiaire. L'espèce nous apparait donc avec une grande netteté, comme *un groupe d'individus présentant une autonomie à la fois morphologique et mixiologique; morphologique, puisque tous les individus de même espèce sont semblables, et ceux d'espèces différentes dissemblables; mixiologique, puisque tous les individus de même espèce sont ou peuvent devenir parents les uns des autres par des unions fécondes et à produits indéfiniment féconds, tandis que les individus d'espèces différentes ne peuvent s'unir entre eux par des unions fécondes.*

2° Il existe cependant des *espèces*, répondant à tous les caractères énumérés dans la définition précédente, sauf que leur croisement avec d'autres espèces est quelquefois fécond; on obtient des *hybrides*, mais ceux-ci ne sont pas indéfiniment féconds. Il suffit donc, pour tenir compte de ce fait, d'ajouter à la fin de notre définition les mots : »... *et à produits indéfiniment féconds*. Nous voyons en même temps que *les hybrides sont le produit du croisement entre individus d'espèces différentes; ils sont*, d'après la définition même de l'espèce, *soit inféconds, soit à fécondité fortement amoindrie.*

3° L'espèce est donc un groupe d'individus, ayant une autonomie à la fois morphologique et mixiologique. Mais il existe aussi, dans l'espèce, des groupes ayant une autonomie simplement morphologique : ce sont les *races*. Dans l'espèce

---

(1) C'est là précisément, la liste de toutes les espèces du genre *Helix* qui vivent aux alentours immédiats, 50 mètres au plus, de la maison que j'habite actuellement en Provence.

cheval, par exemple, on distingue huit races primaires : *asiaticus, africanus, hibernicus, britannicus, germanicus, frisius, belgius* et *sequanicus*. La troisième de ces races, *Equus caballus hibernicus* est partagée en cinq races secondaires : écossaise, irlandaise, gallique, armoricaine et shetlandaise; la race armoricaine comprend à son tour deux races tertiaires, dites « race de Léon » et « race du Conquet ». Nous dirons donc que *la race est un groupe d'individus de même espèce, qui possède une certaine autonomie morphologique, en ce que tous les individus de même race sont semblables et ceux de races différentes dissemblables. Il y a des races de divers ordres : des races primaires, se subdivisant en plusieurs races secondaires, ces dernières comprenant elles-mêmes chacune plusieurs races tertiaires, etc. Les métis sont le produit du croisement entre individus de races différentes.* Les races de divers ordres n'ont guère été étudiées jusqu'à ce jour que chez les animaux domestiques ou les plantes cultivées ; mais on les rencontre aussi chez un grand nombre d'espèces sauvages, ainsi que je l'ai montré, d'ailleurs, dans plusieurs des chapitres précédents.

IV. L'idée première que nous avons de l'espèce repose donc sur deux autres idées plus simples : l'idée de ressemblance, et l'idée de filiation. Mais cette dernière semble de beaucoup prépondérante, puisque lorsqu'il n'y a pas autonomie mixiologique, et seulement autonomie morphologique, nous sommes conduits à donner au groupe considéré une importance bien moindre, et à en faire une *race*, au lieu d'une *espèce*. Il nous faut d'ailleurs rayer de notre définition les mots « *tous semblables* » s'appliquant aux individus d'une même espèce ; car, dans une même espèce, les jeunes diffèrent des adultes, les chenilles des papillons, les scyphistomes pédiculés des méduses errantes, les *Rhabdonema* des *Rabditis*, les vertébrés mâles des vertébrés femelles, les termites mâles des termites femelles ou neutres, ouvriers ou soldats, la femelle du *Papilio memnon* de même livrée que le mâle, de l'autre femelle, les primevères brachystylées des primevères dolichostylées, etc. Mais tous les phénomènes de polymorphisme, successif ou simultané, diffus ou polytaxique, ne portent aucune atteinte à l'idée de filiation, qui reste intacte.

V. Les phénomènes de polymorphisme diffus semblent d'autre part assez difficiles à concilier avec l'idée d'autonomie morphologique des espèces. Si je récolte des *Helix cespitum* et *variabilis*, non plus seulement dans mon jardin, où elles sont si distinctes, mais çà et là dans toute la Provence, je vois la coquille de ces mollusques se modifier peu à peu d'une station à une station voisine, et finalement je ne sais plus à laquelle de ces deux espèces rattacher certains sujets en quelque sorte intermédiaires, pour peu que j'aie négligé de noter exactement leur provenance, et d'observer attentivement et pas à pas les variations successives des deux espèces. Il en est de même dans tous les cas où se produit ce que j'ai appelé l'*inversion des caractères différentiels*. Mais l'examen sérieux des caractères comparatifs des espèces qu'il s'agit de distinguer *dans les stations où elles cohabitent*, permet toujours, comme je l'ai montré, de résoudre ces cas difficiles, et de mettre en évidence la véritable autonomie mixiologique que possèdent réellement ces deux groupes litigieux, quoiqu'ils semblent à certains égards ne pas avoir d'autonomie morphologique (1). Notre définition peut donc conserver encore la

---

(1) Je n'ai parlé, dans ce paragraphe, que de la coquille; mais il est à peine besoin de faire remarquer que le fait est général ; entre espèces voisines, tout autre groupe de caractères anatomiques ou physiologiques, peut offrir des inversions. *La coquille fournit un groupe de caractères plus faciles à étudier* que ceux fournis par les autres organes des Mollusques; c'est pour ce motif que j'ai donné dans le présent travail, une importance prépondérante à l'examen des coquilles. En outre, on peut négliger à peu près complètement les caractères anatomiques (radule, mâchoire, *genitalia*, etc.), et les phénomènes de l'évolution individuelle (embryologie), lorsqu'on s'occupe, ce qui était mon cas, des groupes taxinomiques inférieurs, espèce et en dessous; inversement pour les groupes taxinomiques supérieurs, genre et au-dessus, *ce sont ces mêmes caractères, d'ordre supérieur, qui sont au contraire presque les seuls à considérer.*

forme que nous lui avons donnée, avec cette restriction que l'idée de filiation l'emporte de beaucoup, jusqu'ici, sur l'idée de ressemblance.

VI. Mais il existe des catégories d'êtres, le genre *Vitis*, par exemple, où on observe des groupes d'individus à autonomie morphologique des plus tranchées, de même ordre et de même importance que celle des espèces les plus distinctes morphologiquement que nous ayons eu à considérer jusqu'à présent, mais qui cependant n'ont aucune autonomie mixiologique réelle. Il semble que la différentiation progressive qui a produit, pendant le cours des âges, la condensation en plusieurs groupes morphologiquement distincts, ait épargné presque complètement chez ces catégories, l'élasticité fonctionnelle de l'appareil sexuel. — D'un autre côté, l'exemple (supposé bien réel) des lapins de Porto-Santo, des cobayes d'Europe, et des chats d'Amérique, nous montre qu'un groupe peut acquérir très rapidement, dès qu'il y a ségrégation, une autonomie mixiologique très réelle, sans qu'il y ait encore trace d'autonomie morphologique. La plupart des *races*, autonomes morphologiquement, mais non mixiologiquement, que l'homme a obtenues lui-même par la sélection, nous montrent la contre-partie, et nous sommes conduits à reconnaître qu'il n'y a pas de différence *essentielle* entre les espèces et les races, et que si nous envisageons enfin la question d'origine, il est rationnel de supposer que *les espèces ne sont que des races qui en sont arrivées à diverger, non plus seulement morphologiquement, mais encore mixiologiquement (infécondité des unions croisées)*.

Quelle est la cause de ces divergences, soit morphologiques des races ordinaires, et des espèces du genre *Vitis*, soit mixiologiques des espèces ordinaires, ou des races analogues à celle des lapins de Porto-Santo? La cause immédiate, occasionnelle si on veut, mais enfin la cause la plus prochaine de ces divergences, cause non suffisante, mais du moins nécessaire, est la *ségrégation*, artificielle ou naturelle, peu importe. Pour les êtres sauvages, animaux ou végétaux, cette ségrégation est réalisée par le cantonnement de deux groupes, au début proches parents l'un de l'autre, dans deux régions distinctes; et ceci nous amène à considérer enfin l'*autonomie géographique* des races et des espèces, autonomie dont nous n'avons pas encore parlé dans ce petit résumé, et qui nous apparait maintenant comme la cause même de la disjonction des caractères, et qui dès lors mérite une attention toute particulière.

Puisque l'autonomie géographique s'observe chez toutes les espèces, sans exception (loi de Buffon), il est juste de la mentionner dans la définition de l'espèce, et d'indiquer ainsi l'importance de cette autonomie au point de vue de la question d'origine. Mais avant de donner cette définition définitive, par laquelle je terminerai, résumons aussi la question de la nomenclature des races et des espèces.

VII. Il est de tradition, parmi les naturalistes, de donner *un seul nom* aux espèces (non compris le nom de genre), et plusieurs noms aux catégories d'ordre inférieur, races, variétés, etc. Puisqu'il n'y a aucune différence essentielle entre l'espèce et les races de divers ordres, on peut se demander quel ordre de ces catégories successives sera choisi, pour être qualifié d'espèce. Pour les chevaux, par exemple, distinguerons-nous huit « espèces » de caballins, avec M. Sanson, ou, au contraire, avec la majorité des naturalistes, une seule espèce, *Equus caballus*, de Linné, comprenant huit races primaires, celles-ci se subdivisant à leur tour en races secondaires, etc., etc. ? — Les naturalistes sont partagés actuellement en deux camps; les partisans des anciennes espèces, dites linnéennes, et les « outranciers du morcellement spécifique », comme les a fort justement appelés M. Naudin, qui choisissent au contraire, pour espèces, les races de dernier ordre (et trop souvent même, d'infimes et instables variétés).

Mais, s'il est vrai de dire que, au point de vue théorique, philosophique, il n'y a pas de différence *essentielle* entre l'espèce et la race, en fait, *dans l'immense majorité des cas,* les différences mixiologiques qui séparent si complètement, et pour toujours, les races d'ordre supérieur (les espèces dites linnéenes), sont bien autrement importantes que les faibles différences morphologiques qui séparent les races d'ordre inférieur. Les « espèces linnéennes » sont donc bien autrement réelles, et autrement distinctes entre elles, que ne le sont les « espèces jordanniennes » ; et pour en revenir encore une fois à l'exemple du cheval, le groupe « *Equus caballus* » de Linné, est bien autrement distinct des groupes voisins de même ordre, *Equus asinus, Equus zebra, Equus hemionus,* avec lesquels il ne peut donner par le croisement des produits féconds, que ne le sont de l'une à l'autre les huit « espèces » de Sanson, qui se croisent si facilement, et si complètement entre elles.

Il est donc rationnel de donner, dans la nomenclature, une importance toute particulière à ces races d'ordre supérieur, distinctes mixiologiquement, et non pas seulement morphologiquement et géographiquement, et d'en faire un ordre de catégorie spécial, sous le nom d'*espèce*. Dans les cas, *très exceptionnels* (tels que les *Vitis*), où, aux différences morphologiques et géographiques que présentent d'ordinaire entre elles les espèces distinctes mixiologiquement, ne correspond au contraire aucune différence mixiologique, on gardera, pour ainsi dire, la même mesure, et pour conserver à la classification son homogénéité, ces groupes d'individus seront eux aussi qualifiés d'*espèces*, comme les botanistes sont déjà unanimes à le faire, d'ailleurs.

VIII. Dans quelques cas, dont nous n'avons pas encore parlé dans ce résumé, on se trouve en présence de groupes d'individus, à autonomie morphologique nulle ou à peine accusée, mais possédant une véritable autonomie géographique, en ce que leurs domaines respectifs sont bien distincts, et n'empiètent pas l'un sur l'autre. On peut citer, par exemple, les *Helix cantiana* et *cemenelea*, ou encore toutes ces espèces de l'Amérique du Nord, qui correspondent *presque identiquement* à certaines espèces de l'ancien continent (1). Lorsqu'il n'y a presque aucune différence morphologique entre ces groupes, et que leurs domaines respectifs ne sont pas disposés de telle sorte qu'ils font supposer tout au moins une certaine différence physiologique de « tempérament » (comme c'est le cas pour les *H. cantiana* et *cemenelea*, qui vivent sous des climats si différents), il n'y a vraiment aucun motif pour leur supposer une autonomie mixiologique, et dès lors pour les distinguer spécifiquement. Mais s'il y a des différences morphologiques ou physiologiques (2) notables, suivant que ces différences seront plus ou moins accentuées, on pourra être fort embarrassé pour décider si on est en présence de deux espèces différentes, ou au contraire de deux races d'une même espèce. L'expérimentation seule, en montrant s'il y a réellement autonomie mixiologique, permettrait de prendre un parti rationnel. On peut aussi se décider en se

---

(1) P. Fischer (Manuel de Conchyliologie, 1881, p. 279)., a donné une liste de *soixante-deux* espèces, se correspondant de la sorte deux par deux, 31 américaines et 31 européennes. — M. le D⁽ʳ⁾ Saint-Lager (Etude des fleurs, par l'abbé Cariot, 8e édition revue par le D⁽ʳ⁾ Saint-Lager, tome II, préface), a donné pareillement : 1° une liste de *soixante-quatorze* espèces végétales, 37 des plaines et collines de la vallée du Rhône, 37 de la région moyenne ou supérieure des Alpes (il convient d'ajouter *Centaurea nemoralis* à la première catégorie, et *Centaurea nigra* à la seconde, ce qui ferait 76 en tout); 2° une liste de *quarante* espèces, vingt calcicoles et vingt silicicoles (il convient d'ajouter *Filago spathulata* à la première catégorie, et *Filago germanica* à la seconde, ce qui ferait 42 en tout). — Il serait assez facile de former aussi, avec les mollusques marins d'Europe, une liste d'une cinquantaine d'espèces, 25 méditerranéennes, et 25 océaniques, se correspondent deux par deux.

(2) Comme exemple de différences physiologiques entre deux espèces, presque identiques morphologiquement, je citerai les *Quercus suber* et *occidentalis* ; cette dernière espèce, établie en 1857 par Gay, est qualifiée par A. de Candolle : « species ideo *physiologica potiusquam morphologica* » Prodromus, pars XVI, 1864, p. 44). Il en est de même pour les *Pinus Laricio* de Corse, et *austriaca* des montagnes calcaires de la Corinthie et de la Styrie ; le premier ne diffère guère du second qu'en ce qu'il est calcifuge, et un peu plus sensible au froid.

servant de la *loi des variations paralèlles*, c'est-à-dire d'après l'examen des différences que présentent entre elles les espèces voisines, authentiquement distinctes, et les races respectives de ces mêmes espèces. Mais au point de vue pratique, il n'y a pas grand inconvénient à multiplier quelque peu ces sortes d'espèces, basées presque uniquement sur le fait d'une autonomie géographique.

IX. En résumé, les êtres organisés se présentent à nous comme des individualités qui constituent des groupes de différents ordres. Ces groupes se distinguent entre eux : 1° soit *morphologiquement* lorsque tous les individus en état d'être comparés (même âge, même stade, même taxie) dans un des groupes, sont plus semblables entre eux qu'ils ne sont semblables aux individus correspondants des autres groupes; 2° soit *mixiologiquement*, lorsque les individus de deux groupes différents ne peuvent s'unir sexuellement par des unions fécondes et à produits indéfiniment féconds ; 3° soit *physiologiquement*, lorsque les individus de deux groupes différents ont des organes qui réagissent différemment sous la même influence de milieu, que ces organes soient d'ailleurs semblables ou dissemblables morphologiquement (1) ; 4° soit enfin *géographiquement*, lorsque les groupes d'individus sont cantonnés chacun dans un domaine distinct.

Nous dirons donc que les individualités animales ou végétales constituent des groupes ayant une autonomie soit *morphologique*, soit *mixiologique*, soit *physiologique*, soit *géographique*.

Dans l'immense majorité des cas, les groupes présentent

---

(1) Les différentes espèces du genre *Vitis*, dont les hybrides sont indéfiniment féconds, ont de très inégales résistances au froid, au calcaire, au phylloxera, etc. Il suffit d'une époque de floraison différente pour rendre, à l'état sauvage, tout croisement impossible entre deux espèces susceptibles de donner des hybrides féconds, et pour réaliser ainsi une *autonomie mixiologique indirecte*, aussi complète, quant au résultat, que l'*autonomie mixiologique ordinaire*, d'ordre physiologique (unions croisées infécondes ou à produits inféconds).

l'autonomie mixiologique, possèdent en outre les trois autres sortes d'autonomie ; ces groupes si bien tranchés sont appelés *espèces*. Ils peuvent très souvent se subdiviser en d'autres groupes, d'ordre inférieur, qui n'ont plus, eux, qu'une, deux ou trois, des trois autres autonomies : ce sont des *races*. On appelle *hybrides* le produit du croisement entre individus d'espèces différentes, et *métis* le produit du croisement entre individus de races différentes. Dans l'immense majorité des cas, les hybrides sont donc inféconds, et les métis féconds.

Très exceptionnellement on observe certains groupes (par exemple les *Vitis*) sans autonomie mixiologique, mais ayant les trois autres autonomies aussi bien caractérisées que chez les espèces ordinaires. On est convenu d'appeler aussi *espèces* ces groupes exceptionnels (1). Les produits du croisement entre ces sortes d'espèces sont indéfiniment féconds; on les appelle néanmoins *hybrides* eux aussi.

Il n'y a pas de différence essentielle entre la race et l'espèce ; l'homme peut artificiellement provoquer la formation de races par la sélection ou la ségrégation.

Pareillement, on peut supposer que dans les temps géologiques, la sélection et la ségrégation naturelle ont provoqué la formation des races et des espèces.

Le problème dit « de l'origine des espèces » est donc résolu, si l'on s'en tient à la recherche du : comment les êtres organisés se sont-ils condensés en groupes distincts, colonies, races de divers ordres et espèces? La théorie de l'évolution fournit en somme une réponse des plus satisfaisantes à cette question.

Mais l'inconnu n'a fait que reculer un peu, très peu, plus loin. Il reste à résoudre un problème plus difficile encore :

---

(1) On est forcé d'opérer de même, c'est-à-dire par analogie, pour le choix de l'ordre des races successives qu'il convient d'appeler *espèces*, dans le cas d'êtres à reproduction toujours asexuelle, comme certains crustacés qu'on n'a jamais vu se reproduire que par parthénogenèse (dans le genre *Apus*), et dans le cas des végétaux à fleurs hermaphrodites, se fécondant elles mêmes.

pourquoi et comment les descendants d'un même couple ne sont-ils pas tous semblables entre eux, et semblables à leurs parents ? C'est-à-dire, en d'autres termes, quel est le déterminisme de la variabilité?

Bien entendu, je n'aborderai pas ici ce problème, qui sort absolument du cadre que je me suis tracé en commençant; et je terminerai par la définition suivante :

On appelle colonie, race, ou espèce, un groupe d'individus contemporains, plus ou moins et souvent très peu semblables entre eux, étant ou pouvant devenir parents les uns des autres par des unions fécondes et à produits indéfiniment féconds, et ayant acquis, à la suite de l'odyssée plus ou moins dramatique de leurs ancêtres à travers les continents ou les mers, une véritable autonomie : soit simplement géographique, pour les colonies ; soit d'une part géographique, et d'autre part physiologique ou morphologique pour les races; soit géographique, physiologique, morphologique et mixiologique, pour les espèces. Très exceptionnellement, toutefois, pendant cette condensation en groupes distincts et de plus en plus distincts, à tous les points de vue, malgré une différentiation considérable quant aux caractères morphologiques et physiologiques, l'appareil sexuel, si sensible en général aux influences de milieu, a conservé au contraire toute son élasticité fonctionnelle. On donne encore le nom d'espèce à ces groupes, sans autonomie mixiologique, mais qui ont les autonomies géographique, morphologique et physiologique aussi fortement caractérisées que les autres espèces, autonomes aux quatre points de vue. On peut appeler ces espèces exceptionnelles : espèces à hybrides féconds, tandis que les autres, qui forment l'immense majorité, sont des espèces à hybrides féconds.

TABLE

INTRODUCTION	1
PREMIÈRE PARTIE. — Signification, importance relative, classification et nomenclature des groupes taxinomiques d'ordre inférieur (espèces, sous-espèces, races, sous-races, variétés, modes, etc.	6
CHAPITRE PREMIER. — Exposition de la méthode suivie, et définition des termes employés.	6
CHAPITRE II. — Helix lapicida.	26
CHAPITRE III. — Bulimus detritus	31
CHAPITRE IV. — Helix striata.	45
CHAPITRE V. — Helix acuta et Helix ventricosa (inversion des caractères différentiels).	62
CHAPITRE VI. — Helix nemoralis et Helix hortensis	65
CHAPITRE VII. — Helix cespitum (localisation des caractères)	85
CHAPITRE VIII. — Polymorphisme polytaxique	104
CHAPITRE IX. — Pseudanodontes.	112
CHAPITRE X. — Anodontes.	134
CHAPITRE XI. — Définition de l'espèce	155
CHAPITRE XII. — Hérédité et cœnogénèse : origine des espèces	165
CHAPITRE XIII. — Nomenclature	186
CHAPITRE XIV. — Résumé et conclusions	202

www.ingramcontent.com/pod-product-compliance
Lightning Source LLC
Chambersburg PA
CBHW071937160426
43198CB00011B/1441